潞城市耕地地力评价与利用

苗跃刚　主编

中国农业出版社

内容简介□□□□□□□□□□□□□□□□□

本书是对山西省潞城市耕地地力调查与评价成果的集中反映，是在充分应用"3S"技术进行耕地地力调查并应用模糊数学方法进行成果评价的基础上，首次对潞城市耕地资源历史、现状及问题进行了分析、探讨；并应用大量调查分析数据对潞城市耕地地力、中低产田地力、耕地环境质量等做了深入细致的分析；揭示了潞城市耕地资源的本质及目前存在的问题，提出了耕地资源合理改良利用意见，为各级农业科技工作者、各级农业决策者制订农业发展规划，调整农业产业结构，加快绿色、无公害农产品基地建设步伐，保证粮食生产安全，科学施肥、退耕还林还草，进行节水农业、生态农业以及农业现代化、信息化建设提供了科学依据。

本书共七章。第一章：自然与农业生产概况；第二章：耕地地力调查与质量评价的内容和方法；第三章：耕地土壤属性；第四章：耕地地力评价；第五章：中低产田类型分布及改良利用；第六章：玉米土壤质量状况及培肥对策；第七章：耕地地力调查与质量评价的应用研究。

本书适宜当地农业、土肥科技工作者及从事农业技术推广与农业生产管理的人员阅读。

编写人员名单

主　　编：苗跃刚

副 主 编：牛凤英　　杨志明

编写人员：王永红　　李慧兰　　刘栋才

　　　　　牛亚琴　　左艳艳　　申国霞

　　　　　苗翠香　　许彩苏　　唐　羽

序

　　农业是国民经济的基础，农业发展是国计民生的大事。为适应我国农业发展的需要，确保粮食安全和增强我国农产品竞争的能力，促进农业结构战略性调整和优质、高产、高效、生态农业的发展。针对当前我国耕地土壤存在的突出问题，2009年潞城市被农业部确定为国家级测土配方施肥补贴项目县之一，根据《全国测土配方施肥技术规范》积极开展测土配方施肥工作，同时认真实施耕地地力调查与评价。在山西省土壤肥料工作站、山西农业大学资源环境学院、长治市土壤肥料工作站、潞城市农业委员会广大科技人员的共同努力下，2012年完成了潞城市耕地地力调查与评价工作。通过耕地地力调查与评价工作的开展，摸清了潞城市耕地地力状况，查清了影响当地农业生产持续发展的主要制约因素，建立了潞城市耕地地力评价体系，提出了潞城市耕地资源合理配置及耕地适宜种植、科学施肥及土壤退化修复的意见和方法，初步构建了潞城市耕地资源信息管理系统。这些成果为全面提高潞城市农业生产水平，实现耕地质量计算机动态监控管理，适时提供辖区内各个耕地基础管理单元土、水、肥、气、热状况及调节措施提供了基础数据平台和管理依据。同时，也为各级农业决策者制订农业发展规划，调整农业产业结构，加快绿色食品基地建设步伐，保证粮食生产安全以及促进农业现代化建设提供了第一手资料和最直接的科学依据，也为今后大面积开展耕地地力调查与评价工作，实施耕地综合生产能力建设，发展旱作节水农业、测土配方施肥及其他农业新技术普及工作提供了技术支撑。

　　《潞城市耕地地力评价与利用》一书，系统地介绍了潞城市耕地资源评价的方法与内容，应用大量的调查分析资料，分析研究了潞城市耕地资源的利用现状及问题，提出了合理利用的对策和建议。

　　该书集理论指导性和实际应用性为一体，是一本值得推荐的实用技术读物。相信该书的出版将对潞城市耕地的培肥和保养、耕地资源的合理配置、农业结构调整及提高农业综合生产能力起到积极的促进作用。

2013 年 11 月

前 言

　　耕地是人类获取粮食及其他农产品最重要、不可替代、不可再生的资源，是人类赖以生存和发展的最基本的物质基础，是农业发展必不可少的根本保障。新中国成立以来，山西省潞城市先后开展了两次土壤普查。两次土壤普查工作的开展，为潞城市国土资源的综合利用、施肥制度改革、粮食生产安全做出了重大贡献。近年来，随着农村经济体制的改革以及人口、资源、环境与经济发展矛盾的日益突出，农业种植结构、耕作制度、作物品种、产量水平，肥料、农药使用等方面均发生了巨大变化，产生了诸多如耕地数量锐减、土壤退化污染、水土流失等问题。针对这些问题，开展耕地地力评价工作是非常及时、必要和有意义的。特别是对耕地资源合理配置、农业结构调整、保证粮食生产安全、实现农业可持续发展有着非常重要的意义。

　　潞城市耕地地力评价工作，于 2009 年 5 月开始至 2012 年 10 月结束，完成了潞城市 4 乡 3 镇 2 个街道办事处，202 个行政村的 31 万亩耕地的调查与评价任务。3 年共采集土样 4 680 个，并调查访问了 300 个农户的农业生产、土壤生产性能、农田施肥水平等情况；认真填写了采样地块登记表和农户调查表，完成了 4 680 个样品常规化验、中微量元素分析化验、数据分析和收集数据的计算机录入工作；基本查清了潞城市耕地地力、土壤养分、土壤障碍因素状况，划定了潞城市农产品种植区域；建立了较为完善的、可操作性强的、科技含量高的潞城市耕地地力评价体系，并充分应用 GIS、GPS 技术初步构筑了潞城市耕地资源信息管理系统；提出了潞城市耕地保护、地力培肥、耕地适宜种植、科学施肥及土壤退化修复办法等。收集资料之广泛、调查数据之系统、内容之全面是前所未有的。这些成果为全面提高农业工作的管理水平,实现耕地质量计算机动态监控管理,适时提供辖区内各个耕地基础管理单元土、水、肥、气、热状况及调节措施提供了基础数据平台和管理依据。同时,也为各级农业决策者制订农业发展规划,调整农业产业结构,加快绿色食品基地建设步伐,保证粮食生产安全,进行耕地资源合理改良利用,科学施肥以及退耕还林还草、节水农业、生态农业、农业现代化建设提供了第一手资料和最直接的科学依据。

为了将调查与评价成果尽快应用于农业生产,在全面总结潞城市耕地地力评价成果的基础上,引用大量成果应用实例和第二次土壤普查、土地详查有关资料,编写了《潞城市耕地地力评价与利用》一书。首次比较全面系统地阐述了潞城市耕地资源类型、分布、地理与质量基础、利用状况、改善措施等,并将近年来农业推广工作中的大量成果资料收录其中,从而增加了该书的可读性和可操作性。

在本书编写的过程中,承蒙山西省土壤肥料工作站、山西农业大学资源环境学院、长治市土壤肥料工作站、潞城市农业委员会广大技术人员的热忱帮助和支持,特别是潞城市农业委员会的工作人员在土样采集、农户调查、数据库建设等方面做了大量的工作。潞城市农业委员会主任苗跃刚安排部署了本书的编写;由牛凤英、杨志明完成编写工作;参与野外调查、土壤分析化验和数据处理的工作人员包括潞城市农委各科室的同志;图形矢量化、土壤养分图、数据库和地力评价工作由山西农业大学资源环境学院和山西省土壤肥料工作站完成;野外调查、室内数据汇总、图文资料收集和文字编写工作由潞城市农业委员会完成,在此一并致谢。

编　者

2013 年 11 月

目 录

第一章　自然与农业生产概况

潞城市历史久远，早在一万多年前就有人类繁衍生息。根据古遗址考察，早在旧石器时代境内即有先民聚集，相传潞氏为炎帝之后裔，《潞州志》载，"黄帝封其支子于潞"。殷商时设微子国，西周时称潞子国，秦置潞县，596 年始称潞城县；1962 年恢复建制属晋东南专区管辖；1994 年 4 月 26 日潞城撤县设市，属省辖县级市，由长治市代管。潞城市东近河北、河南，南属上党腹地，西邻浊漳河畔，扼上党门户，挟太行之雄威，联齐秦为指臂，跨燕赵为腰肢，是晋、冀、鲁、豫之通衢要冲，为上党锁钥，战略要地。

第一节　自然与农业概况

一、地理位置与行政区划

潞城市位于山西省东南部、太行山西麓，上党盆地东北边缘。地理坐标为：北纬 35°14′～36°29′，东经 112°59′～113°25′。潞城市西北与襄垣县以山为界，东北与黎城县隔河相望，东南与平顺县谷岭交错，西南与长治市郊区垣川接壤。市境轮廓呈不规则四边形，东西长 31.5 千米，南北宽 19.5 千米，面积 615 平方千米。潞城市境内辖 3 乡 4 镇 2 个办事处 202 个行政村，71 817 户，总人口 22.321 6 万人，其中农业人口 17.669 0 万人。

二、土地资源概况

潞城市地势起伏，高低悬殊，全市国土面积 615 平方千米（92.2 万亩＊）。耕地 31 万亩，占全市国土面积的 33.6％；园地面积 1.1 万亩，占全市国土面积 1.19％；林地面积 5.5 万亩，占全市国土面积 5.97％；牧草地 5.2 万，全市国土面积 5.64％；水域 0.78 万亩，占全市国土面积的 0.85％；未利用土地 14.33 万亩，占全市国土面积的 15.54％；其他土地 34.29 万亩，占本市国土面积的 37.21％。

三、自然气候与水文地质

（一）自然气候

潞城市海拔为 616～1 316 米，居上党盆地边缘，属于中温带大陆性气候，四季分明，冬长夏短，雨热同季，季风强盛。春季干燥季风多，夏季酷热暴雨多，秋季凉爽霜冻早，冬季严寒雨雪少。

＊ 亩为非法定计量单位，1 亩＝1/15 公顷。

1. 气温及无霜期 当地年平均气温 9～10℃，月平均气温以 1 月最低为－5.5℃，7 月最高为 22℃左右。7 月是一年中气温最高的月份；以 7 月为界，1～7 月逐渐上升，7～12 月逐渐下降。2～5 月每月以 5.5℃左右增温，为最大增温时期；8～11 月以 7～8℃剧减，为最大降温时期。1 年内积温为 3 399.9℃左右。气温的日变化沟壑比梁峁大，丘陵比平川大，山岳又比丘陵大。以当地气象站资料分析，年平均日较差为 3.2～11℃，春季最大，夏冬较小。年较差平均为 17.1℃。潞城市四季分明，按气候学的观点划分，夏季短暂仅 1 个多月（6 月 21 至 8 月 10 日），春秋居中各 3 个月，冬季最长（10 月 21 日至 4 月 5 日）为 160～170 天。一般初霜期为 10 月上旬，终霜期为 4 月中旬。

2. 地温、冻土和降积雪 地温分布与气温分布相近，并略高于气温，冬季 12 月至翌年 2 月地温一般为负数，1 月最低。据当地气象站对 0～20 厘米深度的地温观察，3 月和 8 月上下层均匀，4 月至 7 月上层高于下层，9 月至翌年 2 月下层高于上层。

潞城市属季节性冻土带，冻土深度和封冻时期年份之间差异很大。通常情况下，10 月下旬至 11 月上旬开始封冻。累计年平均封冻期为 150 天左右，一般冻土深度为 8～45 厘米。

潞城市雄居太行山，横卧上党盆地，大陆性季风气候十分明显，夏季雨量充沛而集中，冬季干燥而多风，潞城市多年平均无霜日数为 160～170 天，一般早霜为 9 月下旬至 10 月上旬（最早 9 月 18 日，1973 年），晚霜出现为 4 月上旬至中旬（最早 3 月 20 日，1977 年）。

潞城市境内日出、日落差异不大，日照百分率为 56%，5 月、6 月日照时数最长，12 月日照时数最短，4～9 月各月日照时数平均为 230 小时。潞城市的主导风向为东南风，而冬季则有西北风。年平均风速为 2.3 米/秒，年平均最大风速为 13.6 米/秒，多出现在 3 月、4 月。降雪量多年平均为 8.8 毫米，占全年降水量的 17.63%。年降雪量最多是 17 毫米（1975 年）。

3. 降水量、蒸发量和湿度 潞城市年降水量一般为 450～600 毫米，平均为 503.7 毫米左右，集中在 6 月、7 月、8 月；春季平均降水量为 92 毫米，占全年降水量的 17.63%；夏季平均降水量在 311.5 毫米，占全年降水量的 59.67%；冬季平均降水量为 15.3 毫米，占全年降水量的 2.93%；但年际变化很大，多雨年曾达到 923.8 毫米（2003 年），而少雨年仅有 320.8 毫米（1997 年）。历年平均阴雨日约为 117 天，夏秋雨水最多，春秋次之，冬季最少。全年降水量主要集中在 6 月、7 月、8 月的 3 个月，该时期降水量要占到全年降水量的一半以上。日降水最大极值曾达 100.3 毫米，冬春雨雪稀少，从 11 月至翌年 5 月的降水量只占全年降水量的 18.91%。

蒸发量大于降水量，是潞城市水分情况的显著特点。年平均蒸发量为 1 568.8 毫米。5 月、6 月蒸发量最大，大于 250 毫米。1 月和 12 月蒸发量最少，每月 39.5 毫米左右。年蒸发量是年降水量的 3 倍多，尤其是冬春两季和初夏差值最大。年相对湿度多年平均为 60.7%，最高年平均为 67%，最低年平均为 57%。由于气温和降水的变化，相对湿度一年内有明显的最低点和最高点。在春夏之交，雨季到来之前，随着气温的逐渐升高，5 月出现最低点，相对湿度为 47.4%。6 月以后，气温逐渐升高，降水天气增多，相对湿度也相应地剧增；8 月形成最高点，相对湿度为 80.0%。雨季过后，从 9 月开始，相对湿度逐渐下降。

(二) 成土母质

母质是岩石的分化产物，单纯的分化作用只能产生母质而不能形成土壤。母质是形成土壤的基础，是农作物所需大部分矿质养分的来源。土壤的许多性质，如通透性、持水性、酸碱性、保肥性和土壤结构都与母质的类型及分化程度有关。所以，母质在土壤形成过程中具有十分重要的作用。

潞城市土壤有如下几种成土母质：

1. 红黄土母质　颜色红黄，质地较细，常有棱块，棱柱状结构，碳酸盐含量较少，呈中性或微碱性。其中常含有红色黏土性条带，为埋藏古褐土，并夹有大小不等的石灰结核或成层的石灰结核，是黄土至红黄土以至黏土的过渡类型。散布于潞城市的丘陵沟壑间，在靠近山脚、丘陵部位和倾斜平原上也有零星分布，上部覆盖黄土。

2. 黄土母质　为马兰黄土，其体征基本同黄土状母质。以风积为主，颜色灰黄，质地均一，无层理，不含沙砾，以粉沙为主，碳酸盐含量较高，有小粒状的石灰性结核。黄土母质所处地形较高，在丘陵和半山坡有明显的垂直节理，成柱状，水流可形成黄土浅蚀地形。

3. 残积物　由砂页岩、石灰岩等岩石风化形成的残积母质，它的组成与性质自表层至基岩是逐渐过渡的。表层较细，靠近基岩的是崩成大块的岩石，其成分、性质与基岩相近。由这类母质形成的多为山地土壤。植被覆盖差的山地土壤，土层一般较薄，土质较粗，含有砾石。植被覆盖好的山地土壤，土层较厚，淋溶作用较强，表层无石灰反应或反应较弱，下部较强。

4. 冲积物　在潞城市各乡（镇）、办事处的洪积扇，还分布有成分复杂的洪积母质。

5. 红黏土　在潞城市地表出露较少，仅在一部分侵蚀严重的低山丘陵区可见。

(三) 河流与地下水

潞城市整体而言地表水系属海河流域浊漳河上游，河、溪均系季节性河流。河水主要是大气降水，季节性特强，雨季水流湍急，旱季便是人行便道，很少常年积水，不足以形成草甸土，只有在水库附近，才能见到草甸土化过程的踪迹。潞城市多年平均降水量503.7毫米；多年平均地表水资源1 600立方米，中等干旱年（保证率75%）为870立方米。其中，潞城市辛安泉是山西省和华北地区第二个大型岩溶泉群，据多年观察，泉群总流量为9.6～16.2立方米/秒。

境内除地表水资源外，地下还有着丰富的水源，据统计约为6 950万立方米。其中山川区为4 750万立方米。由于地质构造的影响，潞城市地下水可划分为几个不同的单元：

1. 黄土孔隙水　潞城市山区在长期风化剥蚀及洪水冲刷下形成沟壑纵横的黄土丘陵地形，由于黄土梁的面积不大，埋深不厚，地下水补给范围较小。所以，水量不大。

2. 盆地地下水　盆地沉积物包括上更新统孔隙水、下更新统孔隙水、中更新统孔隙水、第4系孔隙水等杂色黏土及沙质黏土，厚度为110厘米，中上更新统红色土、黄土以下及亚黏土夹钙质结核，中粉沙层，厚度为30～70厘米，以及近代冲积洪积物等组成。

3. 煤系地层裂隙水　由于岩层构造情况不同，裂隙发育不均，其富水程度决定于构造地貌岩性，是部分山区的主要地下水源。

4. 山间河谷孔隙水　这类地区由于山间河流，再漫长地质年代多次冲刷中改道，形成开阔地带，河谷两侧有河滩地带，平均宽度为1～2千米，河滩堆积厚度一般为20～30厘米，最厚达55厘米。底部含水层为沙、沙砾、卵石，上部为亚沙土、亚黏土，补给来源靠大气降水及基岩隙水和河水。由于河水流经地区岩性不一，地下水位深浅也有差别，一般为40～50米，不能形成草甸土。

（四）自然植被

潞城市地势复杂，植物群落种类及其地理分布，除受气候主导因素影响外，常受地质、水文、地形、土壤、侵蚀等诸多自然因素的影响；同时，自然植被受人类活动的影响也有较大的变异。不仅在低丘平川人口稠密之区，已被破坏殆尽，代之以农田与人工木材；21世纪以来，因为人工砍伐等频繁的毁灭性因素作用，以致植被组成与结构零乱，规律性与完整性受到严重的破坏与摧残。天然灌木林越来越少，分布越来越稀疏，面积越来越小。

1. 针叶阔叶混交林植被　主要分布在境内北部和南部土石山区，海拔为1 100～1 300米的中山区。土壤多为石灰岩质山地褐土，气候较寒，雨水较多。植被以裸子植物及被子植物为主的针叶阔叶混交林，夹有少量灌木草丛林。树种主要有油松和少量赤柏。针叶林地带雨量较多，淋溶较强，向淋溶褐土过渡。平川区村庄四旁道路两旁，呈点片和方田林网分布。树种有杨、柳、榆、槐、椿，近年新引进的树种有北京、青皮、沙兰等优种杨树和白榆、泡桐及干水果，木本油料等树种。其中杨树、刺槐占绝对优势，时间较长的阔叶林带也有较明显的淋溶现象。由于地形、气候和人为因素，在木本植物群落内的荆条、黄花条、醋柳、连翘、酸枣等草灌植被。在木本植物群落范围内耕种土壤很少。灌木及杂草主要有石榆、荆条、黄花条、黄刺玫、黄芩、无芒雀麦、披碱草、柴胡、铁秆蒿、白羊草、野菊花、苍术、莲子菜、灰菜等。

2. 阔叶灌木混交林植被　主要分布在潞城市山区和丘陵区，海拔为1 000～1 100米的沟壑阴背坡地区，土壤多为石灰岩质粗骨性褐土，土层较厚，雨量较少。植被以阔叶林为主，灌木草丛其次，自然植被仅残存于部分非耕地和农田沟坡及其边缘。主要有酸枣、荆条、杜柳、野豌豆、苦参、白草、山皂荚、雀麦、蒿草、刺苋等。

3. 草丛灌木混交植被　主要分布在潞城市山区与丘陵区，海拔为950～1 100米的阳坡地带，土壤多为多砾质石灰岩山地褐土，气候干旱，石厚土薄。本区内，地势平坦，水源丰富，地下水位较高，居民点集中，为良好的耕作土壤区。一般耕作殷盛，土壤肥沃，适种作物较为广泛。残存的自然植被散见于河畔、渠旁、路边、地头。主要有灰菜、芦苇、苦菜、马齿苋、狗尾草、牵牛花、车前草、马唐、画眉等草本植物。

·

四、农村经济概况

2011年，潞城市全年居民人均纯收入6 141元，比2009年增长11.2%；全年农、林、牧、渔业总产值46 659万元，增长10.1%，其中农业总产值31 676万元，增长19.4%；林业总产值3 436万元，增长10%；牧业总产值10 551万元，增长1.2%；渔业总产值216万元，增长16%；其他780万元。

第二节 农业生产概况

一、农业发展历史

潞城市历史悠久，尤其是改革开放以后，农业生产步入了较快发展的轨道，特别是中共十一届三中全会以后，农业生产发展迅猛。随着农业机械化水平不断提高，农田水利设施的建设，农业新技术的推广应用，农业生产迈上了快车道。自 20 世纪 90 年代以来，潞城市先后组织实施了国家、部、省级旱作农业、土壤改良、玉米秸秆覆盖、中低产田改造、测土配方施肥等各种项目，为提高耕地综合生产能力起到了明显的促进作用，潞城市曾分别荣获省农业厅和市委、市政府多次表彰奖励。

二、农业生产现状

潞城市光热资源丰富，水资源相对丰富，但水利设施落后，是农业发展的主要制约因素。2011 年，潞城市农、林、牧、副、渔总产值为 59 277 万元。其中，农业产值为 39 104 万元，牧业产值为 14 699 万元，林业产值为 4 305 万元，渔业及服务业产值为 1 169 万元。

潞城市 2011 年播种面积 34 万亩。其中，玉米和小麦面积 30.12 万亩，油料作物 0.311 9 万亩，蔬菜面积 2.514 4 万亩，薯类 0.168 0 万亩，豆类 0.32 万亩，中药材 0.003 万亩，小杂粮 0.554 7 万亩。

潞城市农机化水平较低，田间作业以传统方式耕作的现象还普遍存在，劳动生产率低下；部分实现机械化，大大减轻劳动强度，提高了劳动效率。2011 年，潞城市农机总动力为 219 740 千瓦。拖拉机大型 782 台，小型 1 653 台。种植业机具门类齐全，收获机 56 台，化肥深施机 500 台，机引铺膜机 162 台，秸秆粉碎还田机 130 台，排灌动力机械 51 台，联合收割机 34 台。

从潞城市农业生产看，粮田面积不断减少，蔬菜面积呈上升趋势。其原因是近几年潞城市市委、市政府大力引导农民转变农业生产方式，调整农业生产结构，鼓励农民发展设施蔬菜，增加了农民收入。今后潞城市粗放的粮食作物种植面积还将呈递减趋势。

第三节 耕地保养利用和施肥管理

一、耕作方式及耕地利用现状

由于传统习惯与当地气候等因素影响，耕作方式、种植制度等各有不同。潞城市旱地面积占到耕地面积的 65% 以上。耕作方式有一年两作即小麦—豆类，前茬作物收获后，秸秆还田旋耕，播种，旋耕深度一般 20～25 厘米。优点是：一年两茬秸秆还田，有效地提高了土壤有机质含量。缺点是：土地不能深耕，降低了活土层。一年一作是玉米、薯类。前茬作物收获后，在冬前进行深耕，以便接纳雨雪、晒垡。深度一般可达 25 厘米以上，以利于打破犁底层，加厚活土层，同时还利于翻压杂草。

在长期的农业生产实践中，潞城市当地还总结出了一整套玉米秸秆覆盖还田技术。大部分旱作区以种植玉米为主，耕作方式由原来的玉米作物收后伏耕耙磨保墒，逐步发展为玉米作物收后秸秆覆盖还田保护性耕作方式，不但增加了农田地面覆盖，有效改善农业生态环境，而且土壤肥力随着秸秆还田逐年提高。

潞城市 2011 年播种面积 34 万亩。其中，玉米和小麦播种面积为 30.12 万亩，粮食总产量为 11.113 4 万吨，其中小麦面积为 3.608 8 万亩，总产 4 704 吨，亩产 130 千克；玉米 22.161 3 万亩，总产 10.194 9 吨，亩产 460 千克，豆类 0.32 万亩，总产 345.6 吨，亩产 108 千克；薯类 0.168 万亩，总产 577.9 吨，亩产 344 千克；油料 0.319 9 万亩，总产 394 吨，亩产 126 千克；药材 0.003 万亩，总产 11 吨，亩产 367 千克；蔬菜 2.514 4 万亩，总产 61 978 吨，亩产 2 465 千克；其余为小杂粮。

二、施肥状况与耕地养分演变

合理施肥是保证农作物优质高产对营养物质需要的主要措施，也是提高土壤肥力和提供无公害土壤环境的有效手段。当地施肥状况随着时间的推移和大多数地区一样。经历了一个从有机肥占主导地位过渡到无机肥占主导地位的演变过程。新中国成立后，以有机肥为主的肥料供应体系建成，基本上以有机肥为主。20 世纪 60 年代有机肥占肥料总投入开始下降；70～80 年代有机肥占肥料总投入的 60%～70%；80 年代中期有机肥料占总投入的 50%左右；90 年代有机肥占肥料总投入的 40%。到 2010 年，有机肥总投入不足 10%。化学肥料施肥从近年来看逐年上升，大牲畜粪便，割蒿草沤肥基本见不到。可喜的是近年来，玉米秸秆覆盖还田和测土配方施肥技术的实施，促进了耕地地力回升和提高了作物增产潜力。

随着农业生产的发展，秸秆覆盖还田和测土配方施肥技术的推广，2010 年当地耕地耕层土壤养分测定结果比 1982 年第二次全国土壤普查普遍提高。土壤有机质平均增加了 7.6 克/千克，全氮增加了 0.13 克/千克，有效磷增加了 2.5 毫克/千克，速效钾增加了 86 毫克/千克。随着测土配方施肥技术的全面推广应用，土壤肥力将会不断提高。

三、农田环境质量与历史变迁简要回顾

农田环境质量的好坏，直接影响农产品的产量和品质。根据全国第二次土壤普查结果，潞城市划分了土壤利用改良区，根据不同土壤类型、不同土壤肥力和不同生产水平，提出了合理利用培肥措施，达到了培肥土壤目的。同时实施沃土计划、玉米秸秆覆盖还田、耕地地力分等定级、旱作节水农业项目，特别是 2008 年，测土配方施肥项目的实施，使潞城市施肥更合理。近几年来，当地政府大力加强退耕还林，有效改变了农业生产发展的大环境。今后，随着科学发展观的贯彻落实，环境保护力度将不断加大，农田环境将日益好转；同时政府加大对农业投入。通过一系列有效措施，潞城市耕地生产正逐步向优质、高产、高效、安全迈进。

第二章 耕地地力调查与质量评价的内容和方法

测土配方施肥数据库的完成及耕地质量、测土配方施肥用计算机网络管理，为农业增产、农业增效、农民增收提供科学决策依据。根据《全国耕地地力调查与质量评价技术规程》和《全国测土配方施肥技术规范》的要求（以下简称《规程》和《规范》），通过肥料效应田间试验、样品采集与制备、田间基本情况调查、土壤与植株测试、肥料配方设计、配方肥料合理使用、效果反馈与评价、数据汇总、报告撰写等内容、方法与操作规程和耕地地力评价方法的工作过程，进行耕地地力调查和质量评价。这次调查和评价是基于 4 个方面进行的：一是通过耕地地力调查与评价，合理调整农业结构、满足市场对农产品多样化、优质化的要求以及经济发展的需要；二是全面了解耕地质量现状，为无公害农产品、绿色食品、有机食品生产提供科学依据，为人民提供健康安全食品；三是针对耕地土壤的障碍因子，提出中低产田改造、防止土壤退化及修复已污染土壤的意见和措施，提高耕地综合生产能力；四是通过调查，建立当地耕地资源信息管理系统和测土配方施肥专家咨询系统，对耕地质量和测土配方施肥实行计算机网络管理，为农业增产、农业增效、农民增收提供科学决策依据，保证农业可持续发展。

第一节 工作准备

一、组织准备

由山西省农业厅牵头，组织山西省农业厅土壤肥料工作站、潞城市农业委员会土壤肥料工作站、山西农业大学资源环境学院参加，成立测土配方施肥和耕地地力调查领导小组、专家组、技术指导组；潞城市为确保耕地地力评价工作圆满完成，当地政府成立了测土配方施肥和耕地地力调查领导小组。组长由分管农业的潞城市副市长担任，当地农委主任担任副组长，成员有财政局等单位负责人组成。领导小组的主要职责是：负责潞城市范围内此项工作的组织协调、经费、人员及物质落实与监督。领导小组下设办公室，地点设在市农委，相关业务站长为成员。办公室的主要职责是负责调查队伍的组织，技术培训，编写文字报告，建立属性数据库和耕地资源信息管理系统，制定潞城市耕地地力评价实施方案，并负责组建野外调查队。各乡（镇、街道办事处）也成立了相应机构，为搞好本地农田的采样与调查工作提供了有力的组织保障。

二、物质准备

根据《规程》和《规范》的要求，进行了充分物质准备。先后配备了 GPS 定位仪、不锈钢土钻、计算机、钢卷尺、100 立方厘米环刀、土袋、可封口塑料袋、水样瓶、水样固定剂、化验药品、化验室仪器以及调查表格等。并在原来土壤化验室基础上，进行必要补充和维修，为全面调查和室内化验分析做好了充分物质准备。

三、技术准备

领导小组聘请农业系统有关专家及第二次土壤普查有关人员，组成技术指导组，根据《规程》、《山西省耕地地力调查及质量评价实施方案》和《规范》，制定了《潞城市测土配方施肥技术规范及耕地地力调查与质量评价技术规程》，并编写了技术培训教材。在采样调查前对采样调查人员进行认真、系统的技术培训。

四、资料准备

按照《规程》和《规范》的要求，收集了潞城市行政规划图、地形图、第二次土壤普查成果图、基本农田保护区区划图、土地利用现状图、农田水利分区图等图件；收集了第二次土壤普查成果资料，基本农田保护区地块基本情况、基本农田保护区划统计资料，大气和水质量污染分布及排污资料，农田水利灌溉区域、面积及地块灌溉保证率，退耕还林规划，肥料、农药使用品种及数量、肥力动态监测等资料。

第二节　室内预研究

一、确定采样点位

（一）布点与采样原则

为了使土壤调查所获取的信息具有一定的典型性和代表性，提高工作效率，节省人力和资金。采样点参考市级土壤图，做好采样规划设计，确定采样点位。实际采样时严禁随意变更采样点，若有变更须注明理由。在布点和采样时主要遵循了以下原则：一是布点具有广泛的代表性，同时兼顾均匀性。根据土壤类型、土地利用等因素，将采样区域划分为若干个采样单元，每个采样单元的土壤性状要尽可能均匀一致；二是耕地地力调查与污染调查（面源污染与点源污染）相结合，适当加大污染源点位密度；三是尽可能在全国第二次土壤普查时的剖面或农化样取样点上布点；四是采集的样品具有典型性，能代表其对应的评价单元最明显、最稳定、最典型的特征，尽量避免各种非调查因素的影响；五是所调查农户随机抽取，按照事先所确定采样地点寻找符合基本采样条件的农户进行，采样在符合要求的同一农户的同一地块内进行。

（二）布点方法

1. 大田土样布点方法　按照《规程》和《规范》，结合潞城市实际，将大田样点密度定为丘陵区、山区平均每 200 亩 1 个点位，实际布设大田样点 4 680 个。具体做法：一是依据山西省第二次土壤普查土种归属表，把那些图斑面积过小的土种，适当合并至母质类型相同、质地相近、土体构型相似的土种，修改编绘出新的土种图；二是将归并后的土种图与基本农田保护区划图和土地利用现状图叠加，形成评价单元；三是根据评价单元的个数及相应面积，在样点总数的控制范围内，初步确定不同评价单元的采样点数；四是在评价单元中，根据图斑大小、种植制度、作物种类、产量水平等因素的不同，确定布点数量和点位，并在图上予以标注。点位尽可能选在第二次土壤普查时的典型剖面取样点或农化样品取样点上；五是不同评价单元的取样数量和点位确定后，按照土种、作物品种、产量水平等因素，分别统计其相应的取样数量。当某一因素点位数过少或过多时，再根据实际情况进行适当调整。

2. 耕地质量调查土样布点方法 面源耕地土壤环境质量调查土样，按每个代表面积100亩布点，在疑似污染区，标点密度适当加大，按0.5万～1万亩取1个样，如污染、灌溉区，城市垃圾或工业废渣集中排放区，农药、化肥、农用塑料大量施用的农田为调查重点。根据调查了解的实际情况，确定点位位置，根据污染类型及面积，确立布点方法。此次调查，共布设面源质量调查土样50个。

3. 果园样点布点方法 按照《山西省果园土壤养分调查技术规程》要求，结合长治市、潞城市实际情况，在样点总数的控制范围内根据土壤类型、母质类型、地形部位、果树品种、树龄等因素确定相应的取样数量，每100亩布设1个采样点，共布设果园土壤样点12个。同时采集当地主导果品样品进行果品质量分析。

二、确定采样方法

(一)大田土样采集方法

1. 采样时间 在大田作物收获后、秋播作物施肥前进行。按叠加图上确定的调查点位去野外采集样品。通过向农民实地了解当地的农业生产情况，确定最具代表性的同一农户的同一块田采样，田块面积均为1亩以上，并用GPS定位仪确定地理坐标和海拔高程，记录经纬度，精确到0.1″。依此准确方位修正点位图上的点位位置。

2. 调查、取样 向已确定采样田块的户主，按农户地块调查表格的内容逐项进行调查并认真填写。调查严格遵循实事求是的原则，对那些说不清楚的农户，通过访问地力水平相当、位置基本一致的其他农户或对实物进行核对推算。采样主要采用"S"法，均匀随机采取15～20个采样点，充分混合后，四分法留取1千克组成一个土壤样品，并装入已准备好的土袋中。

3. 采样工具 主要采用不锈钢土钻，采样过程中努力保持土钻垂直，样点密度均匀，基本符合厚薄、宽窄、数量的均匀特征。

4. 采样深度 为0～20厘米耕作层土样。

5. 采样记录 填写2张标签，土袋内外各具1张，注明采样编号、采样地点、采样人、采样日期等。采样同时，填写大田采样点基本情况调查表和大田采样点农户调查表。

(二)耕地质量调查土样采集方法

根据污染类型及面积大小，确定采样点布设方法。污水灌溉农田采用对角线布点法；固体废物污染农田或污染源附近农田采用棋盘或同心圆布点法；面积较小、地形平坦区域采用梅花布点法；面积较大、地势较复杂区域采用"S"布点法。每个样品一般由20～25个采样点组成，面积大的适当增加采样点。采样深度一般为0～20厘米。采样同时，对采样地环境情况进行调查。

三、确定调查内容

根据《规范》要求，按照"测土配方施肥采样地块基本情况调查表"认真填写。这次调查的范围是基本农田保护区耕地和园地（包括蔬菜和其他经济作物田），调查内容主要有4个方面：一是与耕地地力评价相关的耕地自然环境条件，农田基础设施建设水平和土壤理化性状，耕地土壤障碍因素和土壤退化原因等；二是与农产品品质相关的耕地土壤环境状况，如土壤的富营养化、养分不平衡与缺乏微量元素和土壤污染等；三是与农业结构调整密切相关的耕地土壤适宜性问题等；四是农户生产管理情况调查。

以上资料的获得，一是利用第二次土壤普查和土地利用详查等现有资料，通过收集整理而来；二是采用以点带面的调查方法，经过实地调查访问农户获得的；三是对所采集样品进行相关分析化验后取得的；四是将所有有限的资料、农户生产管理情况调查资料、分析数据录入到计算机中，并经过矢量化处理形成数字化图件、插值，使每个地块均具有各种资料信息，来获取相关资料信息。这些资料和信息，对分析耕地地力评价与耕地质量评价结果及影响因素具有重要意义。如通过分析农户投入和生产管理对耕地地力土壤环境的影响，分析农民现阶段投入成本与耕地质量直接的关系，有利于提高成果的现实性，引起各级领导的关注。通过对每个地块资源的充实完善，可以从微观角度，对土、肥、气、热、水资源运行情况有更周密的了解，提出管理措施和对策，指导农民对资源进行合理利用和分配。通过对全部信息资料的了解和掌握，可以宏观调控资源配置，合理调整农业产业结构，科学指导农业生产。

四、确定分析项目和方法

根据《规程》及《山西省耕地地力调查及质量评价实施方案》、《规范》土壤质量调查样品检测项目为：pH、有机质、全氮、碱解氮、有效磷、速效钾、缓效钾、有效硫、有效铜、有效锌、有效铁、有效锰、水溶性硼13个项目，其分析方法均按全国统一规定的测定方法进行。

五、确定技术路线

潞城市耕地地力调查与质量评价所采用的技术路线见图2-1。

1. 确定评价单元　本次调查是基于2009年全国第二次土地调查成果进行，潞城市土地利用总图斑数26 119个，耕地图斑11 771个，平均耕地图斑26.34亩。因此，评价单元采用土地利用现状图耕地图斑作为基本评价单元，并将土壤图（1∶50 000）与土地利用现状图（1∶10 000）配准后，用土地利用现状图层提取土壤图层的信息。相似相近的

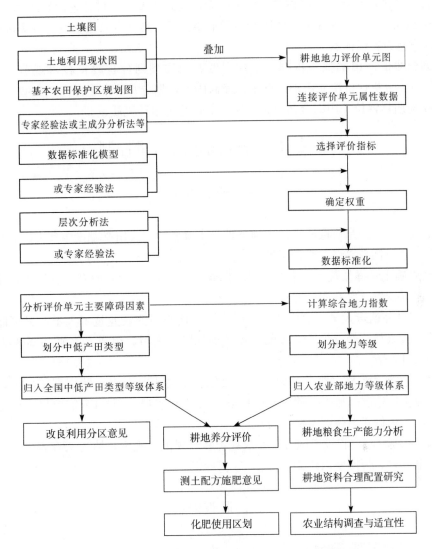

图 2-1　潞城市耕地地力调查与质量评价技术路线流程

评价单元至少采集一个土壤样品进行分析，在评价单元图上连接评价单元属性数据库，用计算机绘制各评价因子图。

2. 确定评价因子　根据全国、省级耕地地力评价指标体系并通过农科教专家论证来选择潞城市耕地地力评价因子。

3. 确定评价因子权重　用模糊数学德尔菲法和层次分析法将评价因子标准数据化，并计算出每一评价因子的权重。

4. 数据标准化　选用隶属函数法和专家经验法等数据标准化方法，对评价指标进行数据标准化处理，对定性指标要进行数值化描述。

5. 综合地力指数计算　用各因子的地力指数累加得到每个评价单元的综合地力指数。

6. 划分地力等级　根据综合地力指数分布的累积频率曲线法或等距法，确定分级方案，并划分地力等级。

7. 归入全国耕地地力等级体系 依据《全国耕地类型区、耕地地力等级划分》（NY/T 309—1996），归纳整理各级耕地地力要素主要指标，结合专家经验，将各级耕地地力归入全国耕地地力等级体系。

8. 划分中低产田类型 依据《全国中低产田类型划分与改良技术规范》（NY/T 310—1996），分析评价单元耕地土壤主要障碍因素，划分并确定中低产田类型。

9. 耕地质量评价 用综合污染指数法评价耕地土壤环境质量。

第三节　野外调查及质量控制

一、调查方法

野外调查的重点是对取样点的立地条件、土壤属性、农田基础设施条件、农户栽培管理成本、收益及污染等情况全面了解、掌握。

1. 室内确定采样位置 技术指导组根据要求，在1∶10 000评价单元图上确定各类型采样点的采样位置，并在图上标注。

2. 培训野外调查人员 抽调技术素质高、责任心强的农业技术人员，尽可能抽调第二次土壤普查人员，经过为期3天的专业培训和野外实习，组成6支野外调查队，共20余人参加野外调查。

3. 根据《规程》和《规范》要求，严格取样 各野外调查支队根据图标位置，在了解农户农业生产情况基础上，确定具有代表性田块和农户，用GPS定位仪进行定位，依据田块准确方位修正点位图上的点位位置。

4. 按照《规程》、省级实施方案要求规定和《规范》规定，填写调查表格，并将采集的样品统一编号，带回室内化验。

二、调查内容

（一）基本情况调查项目

1. 采样地点和地块 地址名称采用民政部门认可的正式名称。地块采用当地的通俗名称。

2. 经纬度及海拔高度 由GPS定位仪进行测定。

3. 地形地貌 以形态特征划分为五大地貌类型，即山地、丘陵、平原、高原及盆地。

4. 地形部位 指中小地貌单元。主要包括河漫滩、一级阶地、二级阶地、高阶地、坡地、梁地、垣地、峁地、山地、沟谷、洪积扇（上、中、下）、倾斜平原、河槽地、冲积平原。

5. 坡度 一般分为<2.0°、2.1°～5.0°、5.1°～8.0°、8.1°～15.0°、15.1°～25.0°、≥25.0°。

6. 侵蚀情况 按侵蚀种类和侵蚀程度记载，根据土壤侵蚀类型可划分为水蚀、风蚀、重力侵蚀、冻融侵蚀、混合侵蚀等，侵蚀程度通常分为无、明显、轻度、中度、强度、极强度等六级。

7. 潜水深度　指地下水深度，分为深位（3～5 米）、中位（2～3 米）、浅位（≤2 米）。

8. 家庭人口及耕地面积　指每个农户实有的人口数量和种植耕地面积（亩）。

（二）土壤性状调查项目

1. 土壤名称　统一按第二次土壤普查时的连续命名法填写，详细到土种。

2. 土壤质地　国际制；全部样品均需采用手摸测定；质地分为：沙土、沙壤、壤土、黏壤、黏土 5 级。室内选取 10% 的样品采用比重计法（粒度分布仪法）测定。

3. 质地构型　指不同土层之间质地构造变化情况。一般可分为通体壤、通体黏、通体沙、黏夹沙、底沙、壤夹黏、多砾、少砾、夹砾、底砾、少姜、多姜等。

4. 耕层厚度　用铁锹垂直铲下去，用钢卷尺按实际进行测量确定。

5. 障碍层次及深度　主要指沙土、黏土、砾石、料姜等所发生的层位、层次及深度。

6. 盐碱情况　按盐碱类型划分为苏打盐化、硫酸盐盐化、氯化物盐化、混合盐化等。按盐化程度分为重度、中度、轻度等，碱化也分为轻、中、重度等。

7. 土壤母质　按成因类型分为保德红土、残积物、河流冲积物、洪积物、黄土状冲积物、离石黄土、马兰黄土等类型。

（三）农田设施调查项目

1. 地面平整度　按大范围地面坡度分为平整（<2°）、基本平整（2°～5°）、不平整（>5°）。

2. 梯田化水平　分为地面平坦、园田化水平高，地面基本平坦、园田化水平较高，高水平梯田，缓坡梯田，新修梯田，坡耕地 6 种类型。

3. 田间输水方式　管道、防渗渠道、土渠等。

4. 灌溉方式　分为漫灌、畦灌、沟灌、滴灌、喷灌、管灌等。

5. 灌溉保证率　分为充分满足、基本满足、一般满足、无灌溉条件 4 种情况或按灌溉保证率（%）计。

6. 排涝能力　分为强、中、弱 3 级。

（四）生产性能与管理情况调查项目

1. 种植（轮作）制度　分为一年一熟、一年两熟、两年三熟等。

2. 作物（蔬菜）种类与产量　指调查地块上年度主要种植作物及其平均产量。

3. 耕翻方式及深度　指翻耕、旋耕、耙地、糖地、中耕等。

4. 秸秆还田情况　分翻压还田、覆盖还田等。

5. 设施类型棚龄或种菜年限　分为薄膜覆盖、塑料拱棚、温室等，棚龄以正式投入算起。

6. 上年度灌溉情况　包括灌溉方式、灌溉次数、年灌水量、水源类型、灌溉费用等。

7. 年度施肥情况　包括有机肥、氮肥、磷肥、钾肥、复合（混）肥、微肥、叶面肥、微生物肥及其他肥料施用情况，有机肥要注明类型，化肥指纯养分。

8. 上年度生产成本　包括化肥、有机肥、农药、农膜、种子（种苗）、机械人工及其他。

9. 上年度农药使用情况 农药作用次数、品种、数量。

10. 产品销售及收入情况。

11. 作物品种及种子来源。

12. 蔬菜效益 指当年纯收益。

三、采样数量

潞城市在 31 万亩耕地上，共采集大田土壤样品 4 680 个，其中参与此次耕地地力评价土样 3 180 个。

四、采样控制

野外调查采样是此次调查评价的关键。既要考虑采样代表性、均匀性，也要考虑采样的典型性。根据潞城市的区划划分特征及不同作物类型、不同地力水平的农田严格按照《规程》和《规范》要求均匀布点，并按图标布点实地核查后进行定点采样。在工矿区周围农田质量调查方面，重点对使用工业水浇灌的农田以及大气污染较重的化工厂、浊漳河流域下游等附近农田进行采样。整个采样过程严肃认真，达到了《规程》的要求，保证了调查采样质量。

第四节　样品分析及质量控制

一、分析项目及方法

（一）物理性状

土壤容重：采用环刀法测定。

（二）化学性状

土壤样品

（1）pH：土液比 1 : 2.5，电位法测定。

（2）有机质：采用油浴加热重铬酸钾氧化容量法测定。

（3）全磷：采用氢氧化钠熔融——钼锑抗比色法测定。

（4）有效磷：采用碳酸氢钠或氟化铵—盐酸浸提——钼锑抗比色法测定。

（5）全钾：采用氢氧化钠熔融——火焰光度计或原子吸收分光光度计法测定。

（6）速效钾：采用乙酸铵浸提——火焰光度计或原子吸收分光光度计法测定。

（7）全氮：采用凯氏蒸馏法测定。

（8）碱解氮：采用碱解扩散法测定。

（9）缓效钾：采用硝酸提取——火焰光度法测定。

（10）有效铜、锌、铁、锰：采用 DTPA 提取——原子吸收光谱法测定。

（11）有效钼：采用草酸－草酸铵浸提——极谱法草酸—草酸铵提取、极谱法测定。

（12）水溶性硼：采用沸水浸提——甲亚胺—H比色法或姜黄素比色法测定。

（13）有效硫：采用磷酸盐—乙酸或氯化钙浸提——硫酸钡比浊法测定。

（14）有效硅：采用柠檬酸浸提—硅钼蓝色比色法测定。

（15）交换性钙和镁：采用乙酸铵提取——原子吸收光谱法测定。

（16）阳离子交换量：采用EDTA—乙酸铵盐交换法测定。

二、分析测试质量控制

分析测试质量主要包括野外调查取样后样品风干、处理与实验室分析化验质量，其质量的控制是调查评价的关键。

（一）样品风干及处理

常规大田土壤样品，及时放置在干燥、通风、卫生、无污染的室内风干，风干后送化验室处理。

将风干后的样品平铺在制样板上，用木棍或塑料棍碾压，并将植物残体、石块等侵入体和新生体剔除干净。细小已断的植物须根，可采用静电吸附的方法清除。压碎的土样用2毫米孔径筛过筛，未通过的土粒重新碾压，直至全部样品通过2毫米孔径筛为止。通过2毫米孔径筛的土样可供pH、盐分、交换性能及有效养分等项目的测定。

将通过2毫米孔径筛的土样用四分法取出一部分继续碾磨，使之全部通过0.25毫米孔径筛，供有机质、全氮、碳酸钙等项目的测定。

用于微量元素分析的土样，其处理方法同一般化学分析样品，但在采样、风干、研磨、过筛、运输、储存等诸环节都要特别注意，不要接触容易造成样品污染的铁、铜等金属器具。采样、制样推荐使用不锈钢、木、竹或塑料工具，过筛使用尼龙网筛等。通过2毫米孔径尼龙筛的样品可用于测定土壤有效态微量元素。

将风干土样反复碾碎，用2毫米孔径筛过筛。留在筛上的碎石称量后保存，同时将过筛的土壤称重，计算石砾质量百分数。将通过2毫米孔径筛的土样混匀后盛于广口瓶内，用于颗粒分析及其他物理性质测定。若风干土样中有铁锰结核、石灰结核、铁子或半风化体，不能用木棍碾碎，应首先将其细心拣出称量保存，然后再进行碾碎。

（二）实验室质量控制

1. 在测试前采取的主要措施

（1）按《规程》要求制订了周密的采样方案：尽量减少采样误差（把采样作为分析检验的一部分）。

（2）正式开始分析前，对检验人员进行为期2周的培训：对监测项目、监测方法、操作要点、注意事项一一进行培训，并进行了质量考核，为检验人员掌握了解项目分析技术、提高业务水平、减少误差等奠定了基础。

（3）收样登记制度：制定了收样登记制度，将收样时间、制样时间、处理方法与时间、分析时间一一登记，并在收样时确定样品统一编码、野外编码及标签等，从而确保了样品的真实性和整个过程的完整性。

（4）测试方法确认（尤其是同一项目有几种检测方法时）：根据实验室现有条件、要求规定及分析人员掌握情况等确立最终采取的分析方法。

（5）测试环境确认：为减少系统误差，对实验室温湿度、试剂、用水、器皿等一一检验，保证其符合测试条件。对有些相互干扰的项目分开实验室进行分析。

（6）检测用仪器设备及时进行计量检定，定期进行运行状况检查。

2. 在检测中采取的主要措施

（1）仪器使用实行登记制度，并及时对仪器设备进行检查维修和调整。

（2）严格执行项目分析标准或规程，确保测试结果准确性。

（3）坚持平行试验、必要的重显性试验，控制精密度，减少随机误差。

每个项目开始分析时每批样品均须做 100％平行样品，结果稳定后，平行次数减少50％，最少保证做 10％～15％平行样品。每个化验人员都自行编入明码样做平行测定，质控员还编入 10％密码样进行质量控制。

平行双样测定结果的误差在允许的范围之内为合格；平行双样测定全部不合格者，该批样品须重新测定；平行双样测定合格率＜95％时，除对不合格的重新测定外，再增加10％～20％的平行测定率，直到总合格率达 95％。

（4）坚持带质控样进行测定：

①与标准样对照。分析中，每批次带标准样品 10％～20％，在测定的精密度合格的前提下，标准样测定值在标准保证值（95％的置信水平）范围的为合格，否则本批结果无效，进行重新分析测定。

②加标回收法。对灌溉水样由于无标准物质或质控样品，采用加标回收试验来测定准确度。

加标率，在每批样品中，随机抽取 10％～20％试样进行加标回收测定。

加标量，被测组分的总量不得超出方法的测定上限。加标浓度宜高，体积应小，不应超过原定试样体积的 1％。

加标回收率在 90％～110％的为合格。

$$回收率（\%）=\frac{测得总量-样品含量}{标准加入量}\times 100$$

根据回收率大小，也可判断是否存在系统误差。

（5）注重空白试验：全程空白值是指用某一方法测定某物质时，除样品中不含该物质外，整个分析过程中引起的信号值或相应浓度值。它包含了试剂、蒸馏水中杂质带来的干扰，从待测试样的测定值中扣除，可消除上述因素带来的系统误差。如果空白值过高，则要找出原因，采取其他措施（如提纯试剂、更新试剂、更换容器等）加以消除。保证每批次样品做 2 个以上空白样，并在整个项目开始前按要求做全程序空白测定，每次做 2 个平行空白样，连测 5 天共得 10 个测定结果，计算批内标准偏差 S_{wb}：

$$S_{wb}=\left[\sum (X_i-X_\Psi)\right]^2/m(n-1)^{1/2}$$

式中：n——每天测定平均样个数；

m——测定天数。

（6）做好校准曲线：比色分析中标准系列保证设置 6 个以上浓度点。根据浓度和吸光值按一元线性回归方程计算其相关系数。

$$Y=a+bX$$

式中：Y——吸光度；

　　　X——待测液浓度；

　　　a——截距；

　　　b——斜率。

要求标准曲线相关系数 r≥0.999。

校准曲线控制：①每批样品皆需做校准曲线；②标准曲线力求 r≥0.999，且有良好重现性；③大批量分析时每测 10～20 个样品要用一标准液校验，检查仪器状况；④待测液浓度超标时不能任意外推。

（7）用标准物质校核实验室的标准滴定溶液：标准物质的作用是校准。对测量过程中使用的基准纯、优级纯的试剂进行校验。校准合格才准用，确保量值准确。

（8）详细、如实记录测试过程，使检测条件可再现、检测数据可追溯。对测量过程中出现的异常情况也及时记录，及时查找原因。

（9）认真填写测试原始记录，测试记录做到：如实、准确、完整、清晰。记录的填写、更改均制定了相应制度和程序。当测试由一人读数一人记录时，记录人员复读多次所记的数字，减少误差发生。

3. 检测后主要采取的技术措施

（1）加强原始记录校核、审核，实行"三审三校"制度，对发现的问题及时研究、解决，或召开质量分析会，达成共识。

（2）运用质量控制图预防质量事故发生：对运用均值—极差控制图的判断，参照《质量专业理论与实名》中的判断准则。对控制样品进行多次重复测定，由所得结果计算出控制样的平均值 X 及标准差 S（或极差 R），就可绘制均值—标准差控制图（或均值—极差控制图），纵坐标为测定值，横坐标为获得数据的顺序。将均值 X 做成与横坐标平行的中心级 CL，$X±3S$ 为上下警戒限 UCL 及 LCL，$X±2S$ 为上下警戒限 UWL 及 LWL，在进行试样分析时，每批带入控制样，根据差异判异准则进行判断。如果在控制限之外，该批结果为全部错误结果，则必须查出原因，采取措施，加以消除，除"回控"后再重复测定，并控制不再出现；如果控制样的结果落在控制限和警戒限之间，说明精密度已不理想，应引起注意。

（3）控制检出限：检出限是指对某一特定的分析方法在给定的置信水平内，可以从样品中检测的待测物质的最小浓度或最小量。根据空白测定的批内标准偏差（S_{wb}）按下列公式计算检出限（95％的置信水平）。

①若试样一次测定值与零浓度试样一次测定值有显著性差异时，检出限（L）按下列公式计算：

$$L=2×2^{1/2}t_f S_{wb}$$

式中：L——方法检出限；

　　　t_f——显著水平为 0.05（单侧）、自由度为 f 的 t 值；

　　　S_{wb}——批内空白值标准偏差；

　　　f——批内自由度，$f=m(n-1)$，m 为重复测定次数，n 为平行测定次数。

②原子吸收分析方法中检出限计算：$L = 3\,S_{wb}$。

③分光光度法以扣除空白值后的吸光值为 0.010 相对应的浓度值为检出限。

（4）及时对异常情况处理

①异常值的取舍：对检测数据中的异常值，按 GB 4883 标准规定采用 Grubbs 法或 Dixon 法加以判断处理。

②因外界干扰（如停电、停水），检测人员应终止检测，待排除干扰后重新检测，并记录干扰情况。当仪器出现故障时，故障排除后校准合格的，方可重新检测。

（5）使用计算机采集、处理、运算、记录、报告、存储检测数据时，应制定相应的控制程序。

（6）检验报告的编制、审核、签发：检验报告是实验工作的最终结果，是试验室的产品。因此，对检验报告质量要高度重视。检验报告应做到完整、准确、清晰、结论正确。必须坚持三级审核制度，明确制表、审核、签发的职责。

除此之外，为保证分析化验质量，提高实验室之间分析结果的可比性，山西省土壤肥料工作站抽查 5%～10%样品在省测试中心进行复核，并编制密码样，对实验室进行质量监督和控制。

4. 技术交流 在分析过程中，发现问题及时交流，改进方法，不断提高技术水平。

5. 数据录入 分析数据按规程和方案要求审核后编码整理，和采样点一一对照，确认无误后进行录入。采取双人录入相互对照的方法，保证录入正确率。

第五节 评价依据、方法及评价标准体系的建立

一、评价原则依据

耕地地力评价

经山西省农业厅土壤肥料工作站、长治市农业委员会土壤肥料工作站、潞城市农业委员会土壤肥料工作站、山西农业大学资源环境学院专家组评议，潞城市确定了五大因素 10 个因子为耕地地力评价指标。

1. 立地条件 指耕地土壤的自然环境条件，它包含与耕地质量直接相关的地形部位、成土母质、地面坡度等。

（1）地貌类型及其特征描述：潞城市总的地形趋势是东南起伏高耸、西北低下平缓。按照全国地形地貌的分类标准，潞城市的地形地貌类型可划分为丘陵低山（中、下）部及坡麓平坦地、山前倾斜平原中下部、封闭洼地、阶地、山地丘陵（中、下）部的缓坡地段、中低山上中坡腰、中低山顶部。

（2）成土母质及其主要分布：在潞城市耕地上分布的母质类型有黄土状母质、黄土母质、残积物、洪积物、红黏土、红黄土母质。

（3）地面坡度：地面坡度反映水土流失程度，直接影响耕地地力，潞城市将地面坡度小于 25°的耕地依坡度大小分成六级（<2.0°、2.1°～5.0°、5.1°～8.0°、8.1°～15.0°、15.1°～25.0°、≥25.0°）进入耕地地力评价系统。

2. 土壤属性

（1）土体构型　指土壤剖面中不同土层间质地构造变化情况，直接反映土壤发育及障碍层次，影响根系发育、水肥保持及有效供给，包括有效土层厚度、耕作层厚度、质地构型 3 个因素。潞城市选择耕层厚度和质地构型两个因素。

①有效土层厚度：指土壤层和松散的母质层之和，按其厚度（厘米）深浅从高到低依次分为 6 级（＞150 厘米、101～150 厘米、76～100 厘米、51～75 厘米、26～50 厘米、≤25 厘米）进入耕地地力评价系统。

②质地：影响水肥保持及耕作性能。按卡庆斯基制的 6 级划分体系来描述，分别为沙土、沙壤、轻壤、中壤、重壤、黏土。

（2）耕层土壤理化性状：分为较稳定的理化性状（容重、质地、有机质、盐渍化程度、pH）和易变化的化学性状（有效磷、速效钾）两大部分。

①有机质：土壤肥力的重要指标，直接影响耕地地力水平。按其含量从高到低依次分为 5 级（＞25.00 克/千克、20.01～25.00 克/千克、15.01～20.00 克/千克、10.01～15.00 克/千克、＜10.00 克/千克）进入地力评价系统。

②有效磷：按其含量从高到低依次分为 6 级（＞25.00 毫克/千克、20.1～25.00 毫克/千克、15.1～20.00 毫克/千克、10.1～15.00 毫克/千克、5.1～10.00 毫克/千克、≤5.00毫克/千克）进入地力评价系统。

③速效钾：按其含量从高到低依次分为 6 级（＞250 毫克/千克、201～250 毫克/千克、151～200 毫克/千克、101～150 毫克/千克、70～100 毫克/千克、＜70 毫克/千克）进入地力评价系统。

3. 农田基础设施条件　园（梯）田化水平：按园田化和梯田类型及其熟化程度分为地面平坦、园田化水平高，地面基本平坦、园田化水平较高，高水平梯田，缓坡梯田、熟化程度 5 年以上，新修梯田，坡耕地 6 种类型。

二、耕地地力评价方法及流程

（一）技术方法

1. 文字评述法　对一些概念性的评价因子（如地形部位、土壤母质、质地构型、质地等）进行定性描述。

2. 参与评价因素的筛选和隶属度确定　（包括概念型和数值型评价因子的评分），见表 2 - 1。

表 2 - 1　耕地地力评价因子

因　子	平均值	众数值	建议值
立地条件（C_1）	2.1	1（10）3（13）	2
土体构型（C_2）	3.3	1（9）5（12）	3
较稳定的理化性状（C_3）	1.8	1（11）3（8）	2
易变化的化学性状（C_4）	3.7	3（17）5（7）	4

（续）

因　子	平均值	众数值	建议值
农田基础建设（C₅）	1	1（24）	1
地面部位（A₁）	1	1（23）	1
成土母质（A₂）	3.9	3（9）5（12）	5
地面坡度（A₃）	1.7	1（14）3（7）	2
耕层厚度（A₄）	3.8	3（14）5（9）	4
耕层质地（A₅）	2.8	1（13）5（11）	3
有机质（A₆）	4.7	3（4）5（20）	5
pH（A₇）	1.0	5（24）	5
有效磷（A₈）	2.2	1（10）3（14）	2
速效钾（A₉）	5.8	3（6）7（14）	5
园（梯）田化水平（A₁₀）	1.0	1（22）	1

3. 模糊综合评判法　应用这种数理统计的方法对数值型评价因子（如地面坡度、有效土层厚度、耕层厚度、有机质、有效磷、速效钾、酸碱度、灌溉保证率等）进行定量描述，即利用专家给出的评分（隶属度）建立某一评价因子的隶属函数，见表2-2。

表2-2　潞城市耕地地力评价数字型因子分级及其隶属度

评价因子	量纲	1级	2级	3级	4级	5级	6级
		量值	量值	量值	量值	量值	量值
地面坡度	°	＜2.00	2.00～5.00	5.10～8.00	8.10～15.00	15.10～25.00	≥25.00
有效土层厚度	厘米	＞150.00	101.00～150.00	76.00～100.00	51.00～75.00	26.00～50.00	≤25.00
耕层厚度	厘米	＞30.00	26.00～30.00	21.00～25.00	16.00～20.00	11.00～15.00	≤10.00
有机质	克/千克	＞25.00	20.01～25.00	15.01～20.00	10.01～15.00	≤10.00	—
pH		＜6.90	7.00～7.50	7.60～8.00	＞8.00	—	—
有效磷	毫克/千克	＞25.00	20.10～25.00	15.10～20.00	10.10～15.00	5.10～10.00	≤5.00
速效钾	毫克/千克	＞250.00	201.00～250.00	151.00～200.00	101.00～150.00	701.00	＜70.00
灌溉保证率		充分满足	基本满足	基本满足	一般满足	无灌溉条件	

4. 层次分析法　用于计算各参评因子的组合权重。本次评价，把耕地生产性能（即耕地地力）作为目标层（G层），把影响耕地生产性能的立地条件、土体构型、较稳定的理化性状、易变化的化学性状、农田基础设施条件作为准则层（C层），再把影响准则层中各因素的项目作为指标层（A层），建立耕地地力评价层次结构图。在此基础上，由34名专家分别对不同层次内各参评因素的重要性作出判断，构造出不同层次间的判断矩阵。最后计算出各评价因子的组合权重。

5. 指数和法　采用加权法计算耕地地力综合指数，即将各评价因子的组合权重与相应的因素等级分值（即由专家经验法或模糊综合评判法求得的隶属度）相乘后累加，如：

$$IFI = \sum B_i \times A_i (i = 1, 2, 3, \cdots, 15)$$

式中：IFI——耕地地力综合指数；

$\qquad B_i$——第 i 个评价因子的等级分值；

$\qquad A_i$——第 i 个评价因子的组合权重。

（二）技术流程

1. 应用叠加法确定评价单元 把基本农田保护区规划图与土地利用现状图、土壤图叠加形成的图斑作为评价单元。

2. 空间数据与属性数据的连接 用评价单元图分别与各个专题图叠加，为每一评价单元获取相应的属性数据。根据调查结果，提取属性数据进行补充。

3. 确定评价指标 根据全国耕地地力调查评价指数表，采用德尔菲法和模糊综合评判法确定潞城市耕地地力评价因子及其隶属度。

4. 应用层次分析法确定各评价因子的组合权重。

5. 数据标准化 计算各评价因子的隶属函数，对各评价因子的隶属度数值进行标准化。

6. 应用累加法计算每个评价单元的耕地地力综合指数。

7. 划分地力等级 分析综合地力指数分布，确定耕地地力综合指数的分级方案，划分地力等级。

8. 归入农业部地力等级体系 选择 10％的评价单元，调查近 3 年粮食单产（或用基础地理信息系统中已有资料），与以粮食作物产量为引导确定的耕地基础地力等级进行相关分析，找出两者之间的对应关系，将评价的地力等级归入农业部确定的等级体系（NY/T 309—1996 全国耕地类型区、耕地地力等级划分）。

9. 采用 GIS、GPS 系统编绘各种养分图和地力等级图等图件。

三、评价标准体系建立

耕地地力评价标准体系建立

1. 耕地地力要素的层次结构 见图 2-2。

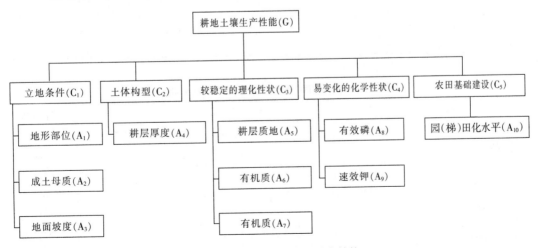

图 2-2 耕地地力要素的层次结构

2. 耕地地力要素的隶属度

（1）概念性评价因子：各评价因子的隶属度及其描述见表 2-3。

（2）数值型评价因子：各评价因子的隶属函数（经验公式）见表 2-4。

3. 耕地地力要素的组合权重 应用层次分析法所计算的各评价因子的组合权重见表 2-5。

表 2-3 潞城市耕地地力评价概念性因子隶属度及其描述

地形部位	描述	河漫滩	一级阶地	二级阶地	高阶地	垣地	洪积扇（上、中、下）			倾斜平原	梁地	峁地	坡麓	沟谷
	隶属度	0.7	1.0	0.9	0.7	0.4	0.4	0.6	0.8	0.8	0.2	0.2	0.1	0.6

母质类型	描述	黄土状母质		黄土母质		残积物		洪积物		红黏土			红黄土母质		
	隶属度	0.7		0.9		1.0		0.2		0.3			0.5		

质地构型	描述	通体壤	黏夹沙	底沙	壤夹黏	壤夹沙	沙夹黏	通体黏	夹砾底	砾少	砾多	少姜	浅姜	多姜	通体沙	浅钙积	夹白干	底白干
	隶属度	1.0	0.6	0.7	1.0	0.9	0.3	0.6	0.4	0.7	0.8	0.8	0.4	0.2	0.3	0.4	0.4	0.7

耕层质地	描述	沙土	沙壤	轻壤	中壤	重壤	黏土
	隶属度	0.2	0.6	0.8	1.0	0.8	0.4

梯（园）田化水平	描述	地面平坦园田化水平高	地面基本平坦园田化水平较高	高水平梯田	缓坡梯田熟化程度 5 年以上	新修梯田	坡耕地
	隶属度	1.0	0.8	0.6	0.4	0.2	0.1

灌溉保证率	描述	充分满足	基本满足	一般满足	无灌溉条件
	隶属度	1.0	0.7	0.4	0.1

表 2-4 潞城市耕地地力评价数值型因子隶属函数

函数类型	评价因子	经验公式	C	Ut
戒下型	地面坡度（°）	$y=1/[1+6.492\times10^{-3}\times(u-c)^2]$	3.00	≥25.00
戒上型	耕层厚度（厘米）	$y=1/[1+4.057\times10^{-3}\times(u-c)^2]$	33.80	≤10.00
戒上型	有机质（克/千克）	$y=1/[1+2.912\times10^{-3}\times(u-c)^2]$	28.40	≤10.00
戒下型	pH	$y=1/[1+0.515\,6\times(u-c)^2]$	7.00	≥8.00
戒上型	有效磷（毫克/千克）	$y=1/[1+3.035\times10^{-3}\times(u-c)^2]$	28.80	≤5.00
戒上型	速效钾（毫克/千克）	$y=1/[1+5.389\times10^{-5}\times(u-c)^2]$	228.76	≤70.00

表 2-5 潞城市耕地地力评价因子层次分析结果

指标层		准则层					组合权重
		C_1	C_2	C_3	C_4	C_5	$\sum C_i A_i$
		0.423 9	0.071 4	0.129 0	0.123 4	0.252 3	1.000 0
A_1	地形部位	0.572 8					0.242 8
A_2	成土母质	0.167 5					0.071 1
A_3	地面坡度	0.259 7					0.110 1
A_4	耕层厚度		1.000 0				0.071 4
A_5	耕层质地			0.468 0			0.060 4
A_6	有机质			0.272 3			0.035 1

（续）

指标层	准则层					组合权重
	C_1	C_2	C_3	C_4	C_5	$\sum C_i A_i$
	0.423 9	0.071 4	0.129 0	0.123 4	0.252 3	1.000 0
A_7　pH			0.259 7			0.033 5
A_8　有效磷				0.698 1		0.086 1
A_9　速效钾				0.301 9		0.037 2
A_{10}　园田化水平					1.000 0	0.252 3

第六节　耕地资源管理信息系统建立

一、耕地资源管理信息系统的总体设计

总体目标：耕地资源信息系统以一个市行政区域内耕地资源为管理对象，应用 GIS 技术对辖区内的地形、地貌、土壤、土地利用、农田水利、土壤污染、农业生产基本情况、基本农田保护区等资料进行统一管理，构建耕地资源基础信息系统；并将此数据平台与各类管理模型结合，对辖区内的耕地资源进行系统的动态管理，为农业决策者、农民和农业技术人员提供耕地质量动态变化、土壤适宜性、施肥咨询、作物营养诊断等多方位的信息服务。

本系统行政单元为村，农田单元为基本农田保护块，土壤单元为土种，系统基本管理单元为土壤、基本农田保护块、土地利用现状叠加所形成的评价单元。

1. 系统结构　见图 2 - 3。

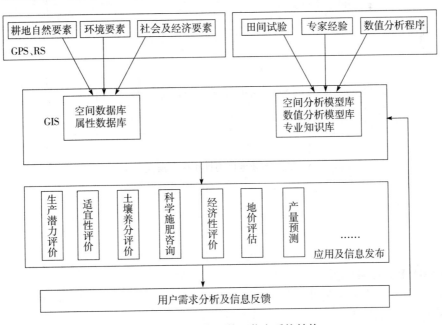

图 2 - 3　耕地资源管理信息系统结构

2. 市域耕地资源管理信息系统建立工作流程   见图 2-4。

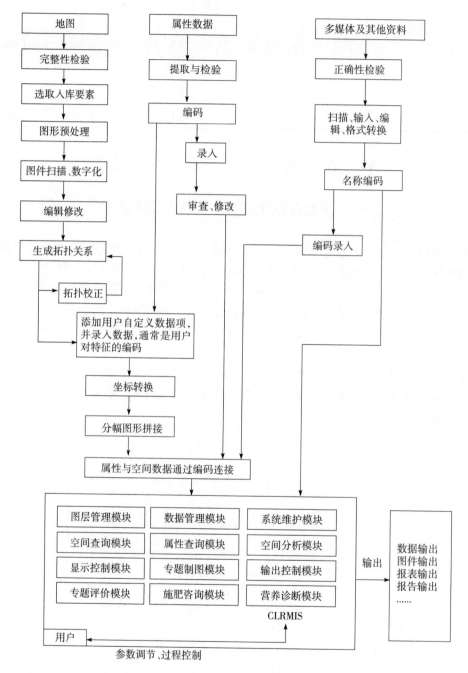

图 2-4   市域耕地资源管理信息系统建立工作流程

3. CLRMIS、硬件配置

（1）硬件：P5 及其兼容机，≥1G 的内存，≥20G 的硬盘，≥256M 的显存，A4 扫描仪，彩色喷墨打印机。

（2）软件：Windows 2000/XP，Excel 2000/XP。

二、资料收集与整理

1. 图件资料收集与整理　图件资料指印刷的各类地图、专题图以及商品数字化矢量和栅格图。图件比例尺为 1：50 000 和 1：10 000。

（1）地形图：统一采用中国人民解放军总参谋部测绘局测绘的地形图。由于近年来公路、水系、地形地貌等变化较大，因此采用水利、公路、规划、国土等部门的有关最新图件资料对地形图进行修正。

（2）行政区划图：由于近年撤乡并镇工作致使部分地区行政区划变化较大，因此按最新行政区划进行修正，同时注意名称、拼音、编码的一致。

（3）土壤图及土壤养分图：采用第二次土壤普查成果图。

（4）基本农田保护区现状图：采用国土局最新划定的基本农田保护区图。

（5）地貌类型分区图：根据地貌类型将辖区内农田分区，采用第二次土壤普查分类系统绘制成图。

（6）土地利用现状图：现有的土地利用现状图（第二次土地调查数据库）。

（7）主要污染源点位图：调查本地可能对水体、大气、土壤形成污染的矿区、工厂，并确定污染类型及污染强度，在地形图上准确标明位置及编号。

（8）土壤肥力监测点点位图：在地形图上标明准确位置及编号。

（9）土壤普查土壤采样点点位图：在地形图上标明准确位置及编号。

2. 数据资料收集与整理

（1）基本农田保护区一级、二级地块登记表，国土局基本农田划定资料。

（2）其他有关基本农田保护区划定统计资料，国土局基本农田划定资料。

（3）近几年粮食单产、总产、种植面积统计资料（以村为单位）。

（4）其他农村及农业生产基本情况资料。

（5）历年土壤肥力监测点田间记载及化验结果资料。

（6）历年肥情点资料。

（7）市、乡（镇、街道办事处）、村名编码表。

（8）近几年土壤、植株化验资料（土壤普查、肥力普查等）。

（9）近几年主要粮食作物、主要品种产量构成资料。

（10）各乡（镇、街道办事处）历年化肥销售、使用情况。

（11）土壤志、土种志。

（12）特色农产品分布、数量资料。

（13）主要污染源调查情况统计表（地点、污染类型、方式、强度等）

（14）当地农作物品种及特性资料，包括各个品种的全生育期、大田生产潜力、最佳播期、移栽期、播种量、栽插密度、百千克籽粒需氮量、需磷量、需钾量等及品种特性介绍。

（15）一元、二元、三元肥料肥效试验资料，计算不同地区、不同土壤、不同作物品种的肥料效应函数。

（16）不同土壤、不同作物基础地力产量占常规产量比例资料。

3. 文本资料收集与整理

（1）潞城市及各乡（镇、街道办事处）基本情况描述。

（2）各土种性状描述，包括其发生、发育、分布、生产性能、障碍因素等。

4. 多媒体资料收集与整理

（1）土壤典型剖面照片。

（2）土壤肥力监测点景观照片。

（3）当地典型景观照片。

（4）特色农产品介绍（文字、图片）。

（5）地方介绍资料（图片、录像、文字、音乐）。

三、属性数据库建立

（一）属性数据内容

CLRMIS 主要属性资料及其来源见表 2-6。

表 2-6　CLRMIS 主要属性资料及其来源

编号	名　称	来　源
1	湖泊、面状河流属性表	水利局
2	堤坝、渠道、线状河流属性数据	水利局
3	交通道路属性数据	交通局
4	行政界线属性数据	农业委员会
5	耕地及蔬菜地灌溉水、回水分析结果数据	农业委员会
6	土地利用现状属性数据	国土局、卫星图片解译
7	土壤、植株样品分析化验结果数据表	本次调查资料
8	土壤名称编码表	土壤普查资料
9	土种属性数据表	土壤普查资料
10	基本农田保护块属性数据表	国土局
11	基本农田保护区基本情况数据表	国土局
12	地貌、气候属性表	土壤普查资料
13	市、乡（镇、街道办事处）村名编码表	统计局

（二）属性数据分类与编码

数据的分类编码是对数据资料进行有效管理的重要依据。编码的主要目的是节省计算机内存空间，便于用户理解使用。地理属性进入数据库之前进行编码是必要的，只有进行了正确的编码，空间数据库与属性数据库才能实现正确连接。编码格式有英文字母与数学组合。本系统主要采用数字表示的层次型分类编码体系，它能反映专题要素分类体系的基本特征。

（三）建立编码字典

数据字典是数据库应用设计的重要内容，是描述数据库中各类数据及其组合的数据集合，也称元数据。地理数据库的数据字典主要用于描述属性数据，它本身是一个特殊用途的文件，在数据库整个生命周期里都起着重要的作用。它避免重复数据项的出现，并提供了查询数据的唯一入口。

（四）数据库结构设计

属性数据库的建立与录入可独立于空间数据库和 GIS 系统，可以在 Access、dBase、Foxbase 和 Foxpro 下建立，最终统一以 dBase 的 dbf 格式保存入库。下面以 dBase 的 dbf 数据库为例进行描述。

1. 湖泊、面状河流属性数据库 lake. dbf

字段名	属 性	数据类型	宽 度	小数位	量 纲
lacode	水系代码	N	4	0	代 码
laname	水系名称	C	20		
lacontent	湖泊储水量	N	8	0	万立方米
laflux	河流流量	N	6		立方米/秒

2. 堤坝、渠道、线状河流属性数据 stream. dbf

字段名	属 性	数据类型	宽 度	小数位	量 纲
ricode	水系代码	N	4	0	代 码
riname	水系名称	C	20		
riflux	河流、渠道流量	N	6		立方米/秒

3. 交通道路属性数据库 traffic. dbf

字段名	属 性	数据类型	宽 度	小数位	量 纲
rocode	道路编码	N	4	0	代 码
roname	道路名称	C	20		
rograde	道路等级	C	1		
rotype	道路类型	C	1		（黑色/水泥/石子/土地）

4. 行政界线（省、市、县、乡、村）**属性数据库 boundary. dbf**

字段名	属 性	数据类型	宽 度	小数位	量 纲
adcode	界线编码	N	1	0	代 码
adname	界线名称	C	4		

adcode	name
1	国 界
2	省 界
3	市 界
4	县 界
5	乡 界
6	村 界

5. 土地利用现状属性数据库 * landuse. dbf

字段名	属 性	数据类型	宽 度	小数位	量 纲
lucode	利用方式编码	N	2	0	代 码
luname	利用方式名称	C	10		

＊土地利用现状分类表。

6. 土种属性数据表 soil. dbf

字段名	属 性	数据类型	宽 度	小数位	量 纲
sgcode	土种代码	N	4	0	代 码
stname	土类名称	C	10		
ssname	亚类名称	C	20		
skname	土属名称	C	20		
sgname	土种名称	C	20		
pamaterial	成土母质	C	50		
profile	剖面构型	C	50		

土种典型剖面有关属性数据：

字段名	属 性	数据类型	宽 度	小数位	量 纲
text	剖面照片文件名	C	40		
picture	图片文件名	C	50		
html	HTML 文件名	C	50		
video	录像文件名	C	40		

＊土地系统分类表。

7. 土壤养分（pH、有机质、氮等）**属性数据库 nutr＊＊＊＊. dbf**

本部分由一系列的数据库组成，视实际情况不同有所差异，如在盐碱土地区还包括盐分含量及离子组成等。

（1）pH 库 nutrpH. dbf：

字段名	属 性	数据类型	宽 度	小数位	量 纲
code	分级编码	N	4	0	代 码
number	pH	N	4	1	

（2）有机质库 nutrom. dbf：

字段名	属 性	数据类型	宽 度	小数位	量 纲
code	分级编码	N	4	0	代 码
number	有机质含量	N	5	2	百分含量

（3）全氮量库 nutrN. dbf：

字段名	属 性	数据类型	宽 度	小数位	量 纲
code	分级编码	N	4	0	代 码
number	全氮含量	N	5	3	百分含量

（4）速效养分库 nutrP. dbf：

字段名	属 性	数据类型	宽 度	小数位	量 纲
code	分级编码	N	4	0	代 码

| number | 速效养分含量 | N | 5 | 3 | 毫克/千克 |

8. 基本农田保护块属性数据库 farmland. dbf

字段名	属　性	数据类型	宽　度	小数位	量　纲
plcode	保护块编码	N	7	0	代　码
plarea	保护块面积	N	4	0	亩
cuarea	其中耕地面积	N	6		
eastto	东　至	C	20		
westto	西　至	C	20		
sorthto	南　至	C	20		
northto	北　至	C	20		
plperson	保护责任人	C	6		
plgrad	保护级别	N	1		

9. 地貌*、气候属性 landform. dbf**

字段名	属　性	数据类型	宽　度	小数位	量　纲
landcode	地貌类型编码	N	2	0	代　码
landname	地貌类型名称	C	10		
rain	降水量	C	6		

* 地貌类型编码表。

10. 基本农田保护区基本情况数据表（略）

11. 县、乡镇、村名编码表

字段名	属　性	数据类型	宽　度	小数位	量　纲
vicodec	单位编码—县内	N	5	0	代　码
vicoden	单位编码—统一	N	11		
viname	单位名称	C	20		
vinamee	名称拼音	C	30		

（五）数据录入与审核

数据录入前仔细审核，数值型资料注意量纲、上下限，地名应注意汉字多音字、繁简体、简全称等问题，审核定稿后再录入。录入后仔细检查，保证数据录入无误后，将数据库转为规定的格式（dbase 的 dbf 文件格式文件），再根据数据字典中的文件名编码命名后保存在规定的子目录下。

文字资料以 TXT 格式命名保存，声音、音乐以 WAV 或 MID 文件保存，超文本以 HTML 格式保存，图片以 BMP 或 JPG 格式保存，视频以 AVI 或 MPG 格式保存，动画以 GIF 格式保存。这些文件分别保存在相应的子目录下，其相对路径和文件名录入相应的属性数据库中。

四、空间数据库建立

（一）数据采集的工艺流程

在耕地资源数据库建设中，数据采集的精度直接关系到现状数据库本身的精度和今后的应用，数据采集的工艺流程是关系到耕地资源信息管理系统数据库质量的重要基础工作。因此，对数据的采集制定了一个详尽的工艺流程。首先，对收集的资料进行分类检查、整理与预处理；其次，按照图件资料介质的类型进行扫描，并对扫描图件进行扫描校正；再次，进行数据的分层矢量化采集、矢量化数据的检查；最后，对矢量化数据进行坐标投影转换与数据拼接工作以及数据、图形的综合检查和数据的分层与格式转换。

具体数据采集的工艺流程见图2-5。

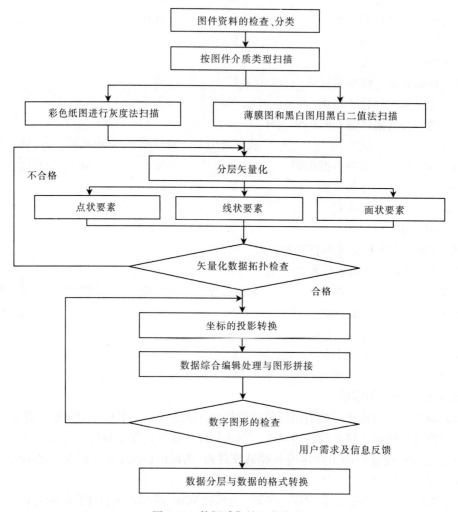

图2-5　数据采集的工艺流程

（二）图件数字化

1. 图件的扫描　由于所收集的图件资料为纸介质的图件资料，所以采用灰度法进行扫描。扫描的精度为300dpi。扫描完成后将文件保存为＊.TIF格式。在扫描过程中，为了能够保证扫描图件的清晰度和精度，对图件先进行预见扫描。在预见扫描过程中，检查扫描图件的清晰度，其清晰度必须能够区分图内的各要素，然后利用Lontex Fss8300扫描仪自带的CAD image/scan扫描软件进行角度校正，角度校正后必须保证图幅下方两个内图廓点的连线与水平线的角度误差小于 0.2°。

2. 数据采集与分层矢量化　对图形的数字化采用交互式矢量化方法，确保图形矢量化的精度。在耕地资源信息系统数据库建设中需要采集的要素有点状要素、线状要素和面状要素。由于所采集的数据种类较多，所以必须对所采集的数据按不同类型进行分层采集。

（1）点状要素的采集：可以分为两种类型，一种是零星地类，另一种是注记点。零星地类包括一些有点位的点状零星地类和无点位的零星地类。对于有点位的零星地类，在数据的分层矢量化采集时，将点标记置于点状要素的几何中心点，对于无点位的零星地类在分层矢量化采集时，将点标记置于原始图件的定位点。农化点位、污染源点位等注记点的采集按照原始图件资料中的注记点，在矢量化过程中一一标注相应的位置。

（2）线状要素的采集：在耕地资源图件资料上的线状要素主要有水系、道路、带有宽度的线状地物界、地类界、行政界线、权属界线、土种界、等高线等，对于不同类型的线状要素，进行分层采集。线状地物主要是指道路、水系、沟渠等，线状地物数据采集时考虑到有些线状地物，由于其宽度较宽，如一些较大的河流、沟渠，它们在地图上可以按照图件资料的宽度比例表示为一定的宽度，则按其实际宽度的比例在图上表示；有些线状地物，如一些道路和水系，由于其宽度不能在图上表示，在采集其数据时，则按栅格图上的线状地物的中轴线来确定其在图上的实际位置。对地类界、行政界、土种界和等高线数据的采集，保证其封闭性和连续性。线状要素按照其种类不同分层采集、分层保存，以备数据分析时进行利用。

（3）面状要素的采集：面状要素要在线状要素采集后，通过建立拓扑关系形成区后进行，由于面状要素是由行政界线、权属界线、地类界线和一些带有宽度的线状地物界等结状要素所形成的一系列的闭合性区域，其主要包括行政区、权属区、土壤类型区等图斑。所以对于不同的面状要素，因采用不同的图层对其进行数据的采集。考虑到实际情况，将面状要素分为行政区层、地类层、土壤层等图斑层。将分层采集的数据分层保存。

（三）矢量化数据的拓扑检查

由于在矢量化过程中不可避免地要存在一些问题，因此，在完成图形数据的分层矢量化以后，要进行下一步工作时，必须对分层矢量化以后的数据进行矢量化数据的拓扑检查。在对矢量化数据的拓扑检查中主要是完成以下几方面的工作：

1. 消除在矢量化过程中存在的一些悬挂线段　在线状要素的采集过程中，为了保证线段完全闭合，某些线段可能出现相互交叉的情况，这些均属于悬挂线段。在进行悬挂线段的检查时，首先使用 MapGIS 的线文件拓扑检查功能，自动对其检查和清除，如果其不能够自动清除的，则对照原始图件资料进行手工修正。对线状要素进行矢量化数据检查完成以后，随即由制图员对所矢量化的数据与原始图件资料相对比进行检查；如果在对检查过程中发现有一些通过拓扑检查所不能够解决的问题，矢量化数据的精度不符合精度要求的，或者是某些线状要素存在着一定的位移而难以校正的，则对其中的线状要素进行重新矢量化。

2. 检查图斑和行政区等面状要素的闭合性　图斑和行政区是反映一个地区耕地资源状况的重要属性，在对图件资料中的面状要素进行数据的分层矢量化采集中，由于图件资料中所涉及的图斑较多，在数据的矢量化采集过程中，有可能存在着一些图斑或行政界的不闭合情况，可以利用 MapGIS 的区文件拓扑检查功能；对在面状要素分层矢量化采集过程中所保存的一系列区文件进行适量化数据的拓扑检查。在拓扑检查过程中可以消除大多数区文件的不闭合情况。对于不能够自动消除的，通过与原始图件资料的相互检查，消除其不闭合情况。如果通过对矢量化以后的区文件的拓扑检查，可以消除在矢量化过程中所出现的上述问题，则进行下一步工作，如果在拓扑检查以后还存在一些问题，则对其进行重新矢量化，以确保系统建设的精度。

（四）坐标的投影转换与图件拼接

1. 坐标转换 在进行图件的分层矢量化采集过程中，所建立的图面坐标系（单位为毫米），而在实际应用中，则要求建立平面直角坐标系（单位为米）。因此，必须利用 MapGIS 所提供的坐标转换功能，将图面坐标转换成为正投影的大地直角坐标系。在坐标转换过程中，为了能够保证数据的精度，可根据提供数据源的图件精度的不同，在坐标转换过程中，采用不同的质量控制方法进行坐标转换工作。

2. 投影转换 市级土地利用现状数据库的数据投影方式采用高斯投影，也就是将进行坐标转换以后的图形资料，按照大地坐标系的经纬度坐标进行转换，以便以后进行图件拼接。在进行投影转换时，对 1∶10 000 土地利用图件资料，投影的分带宽度为 3°。但是根据地形的复杂程度，行政区的跨度和图幅的具体情况，对于部分图形采用非标准的 3°分带高斯投影。

3. 图件拼接 潞城市提供的 1∶10 000 土地利用现状图是采用标准分幅图，在系统建设过程中应图幅进行拼接。在图斑拼接检查过程中，相邻图幅间的同名要素误差应小于 1毫米，这时移动其任何一个要素进行拼接，同名要素间距在 1～3 毫米的处理方法是将两个要素各自移动一半，在中间部分结合，这样图幅拼接完全满足了精度要求。

五、空间数据库与属性数据库的连接

MapGIS 系统采用不同的数据模型分别对属性数据和空间数据进行存储管理，属性数据采用关系模型，空间数据采用网状模型。两种数据的连接非常重要。在一个图幅工作单元 Coverage 中，每个图形单元由一个标识码来唯一确定。同时一个 Coverage 中可以若干个关系数据库文件即要素属性表，用以完成对 Coverage 的地理要素的属性描述。图形单元标识码是要素属性表中的一个关键字段，空间数据与属性数据以此字段形成关联，完成对地图的模拟。这种关联是 MapGIS 的两种模型联成一体，可以方便地从空间数据检索属性数据或者从属性数据检索空间数据。

对属性与空间数据的连接采用的方法是：在图件矢量化过程中，标记多边形标识点，建立多边形编码表，并运用 MapGIS 将用 Foxpro 建立的属性数据库自动连接到图形单元中，这种方法可由多人同时进行工作，速度较快。

第三章 耕地土壤属性

第一节 耕地土壤类型

一、土壤类型及分布

根据山西省第二次土壤普查土壤工作分类，潞城市土壤分为 4 个土类，4 个亚类，12 个土属，25 个土种。其分布受地形、地貌、水文、地质条件影响，随地形呈明显变化。

具体分布见表 3-1。

表 3-1 潞城市土壤分布状况

土类	面积（亩）	亚类面积（亩）	分 布
潮土	22 535.47	潮土 22 535.47	主要分布在微子镇、店上镇、翟店镇、辛安泉镇、史廻乡、黄牛蹄乡
粗骨土	2 098.85	粗骨土 2 098.85	主要分布在潞华办事处、微子镇、店上镇、成家川办事处、合室乡
褐土	281 375.75	褐土性土 213 087.06	分布在本市各个乡（镇）
		石灰性褐土 68 288.69	
红黏土	4 047.55	红黏土 4 047.55	主要分布在潞华办事处、店上镇、史廻乡
四大土类	310 057.62	—	—

山西省、长治市、潞城市土种对照见表 3-2。

二、土壤类型特征及主要生产性能

1. 潮土 潮土是受生物气候影响较少，而受地下水影响大的一种隐域性土壤，本市分布于浊漳河两岸及地下水位较高的地段。主要有店上、史廻、辛安泉、黄牛蹄、微子及翟店 6 个乡（镇），除黄牛蹄、辛安泉有部分宜林外，大部分为农业土壤，面积达 22 535.47 亩，占总土壤面积的 7.27%。

潮土是直接受地下水浸润，在草甸植被下发育而成的半水成土壤。潞城市潮土地下水位浅，一般为 1~2.5 米；雨季时可上升到距地表几十厘米，旱时可下降到 2 米左右；土层下部直接受地下水的浸润，而水位随旱、雨季节上下移动，使土壤下部氧化还原作用交替进行，因而使心土、底土中的铁锰变价矿物；在青灰色的底土上留下明显的锈纹、锈斑；与此同时，土体潮润，其上主要生长喜湿性的芦苇、水稗、野薄荷、苍耳、车前子、旋覆花、萹蓄等草甸植被，并进行有机质合成与分解的潮土腐殖化过程，这个表层的腐殖化和心土、底土的氧化还原作用的潜育化相结合的过程是为草甸化过程。就在这草甸化过

表3－2　山西省、长治市、潞城市土种对照表

省级名称				县级名称（1983年划分标准）		长治市市级名称	
土类	亚类	土属	土种	代号	土种名称	代号	土种名称
褐土	褐土性土	黄土质淋溶褐土	立黄土	1	薄层少砾石灰岩山地褐土	024	薄沙泥质立黄土
		砂页岩质褐土性土	薄沙泥渣土	2	中层少砾石灰岩山地褐土	025	沙质壤少砾石灰岩质褐土性土
			沙泥质立黄土	5	厚层少砾石灰岩山地褐土	025	沙质壤少砾石灰岩质褐土性土
				6	厚层多砾石灰岩山地褐土	095	沙质黏壤石灰岩质粗骨土
			耕薄沙立黄土	7	中层少砾红黄土山地褐土	038	壤红黄土质褐土性土
			沙泥质立黄土	8	厚层红黄土质山地褐土	038	壤红黄土质褐土性土
		黄土质褐土性土	沙泥质立黄土	9	中层中壤少砾黄土质山地褐土	033	沙质壤黄土质褐土性土
			耕二合立黄土	10	耕种中壤厚层红黄土质山地褐土	040	耕种粉沙质壤红黄土质褐土性土
				11	耕种中重壤厚层红黄土质山地褐土	042	耕种黏壤红黄土质褐土性土
		红黄土质褐土性土	红立黄土	12	耕种中壤厚层黄土质山地褐土	035	耕种黏壤黄土质褐土性土
		黄土质褐土性土	耕二合红立土	14	中壤轻蚀红立黄土	040	耕种粉沙质壤红黄土质褐土性土
				15	重壤轻蚀红立黄土	042	耕种黏壤红黄土质褐土性土
			沟淤土	16	中壤轻蚀立黄土	035	耕种黏壤黄土质褐土性土
				17	中壤质立黄土	035	耕种黏壤黄土质褐土性土
		沟淤褐土性土	沟淤土	20	轻壤深位厚砾石层沟淤红立黄土	051	耕种沙质壤深位砾沟淤褐土性土
				21	中壤沟淤红立黄土	049	耕种沙质壤沟淤褐土性土
			耕二合立黄土	22	重壤沟淤红立黄土	052	耕种壤质沟淤褐土性土
				23	重壤沟淤红黄土褐土性土	047	粉沙质壤沟淤褐土性土
				24	中深位厚干层沟淤红黏土	049	耕种沙质壤沟淤褐土性土

（续）

土类	亚类	土属	土种	县级名称（1983年划分标准）代号	县级名称（1983年划分标准）土种名称	长治市市级名称代号	长治市市级名称土种名称
褐土	褐土性土	红黄土质褐土性土	红立黄土	25	重壤沟淤红黏土	052	耕种壤质黏沟淤褐土性土
			耕红立黄土	26	中壤沟淤立黄土	049	耕种沙质壤沟淤褐土性土
				27	耕种中壤沟淤褐土性土	049	耕种沙质壤沟淤褐土性土
			耕红立黄土	28	耕种中壤垫褐土性土	049	耕种沙质壤沟淤褐土性土
			耕小黄红土	29	中壤质红黄炉土	059	耕种黏壤洪积耕石灰性褐土
土		沟淤褐土性土		32	重壤质黄炉土		
			沟淤土	33	耕种中壤褐化浅色草甸土	063	耕种粉质壤洪积脱潮土
				34	沙壤体少沙砾浅色草甸土	086	沙质壤冲积石灰性新积土
				35	耕种沙壤浅色草甸土		
				36	耕种轻壤质夹沙砾浅色草甸土	090	耕种沙质壤冲积石灰性新积土
潮土	潮土		夹砾潮土	37	耕种沙壤夹沙砾浅色草甸土	072	耕种沙质壤浅位沙层冲积潮土
			耕二合潮土	38	耕种轻壤质浅色草甸土	071	耕种黏壤冲积潮土
		洪冲积潮土	底砾二合洪积潮土	39	耕种重壤质浅色草甸土	076	耕种沙质壤黏壤冲积潮土
		堆垫潮土	底砾堆垫潮土	40	耕种中壤质夹沙砾堆垫浅色草甸土	079	耕种黏质壤深位沙砾堆垫潮土
粗骨土	粗骨土	钙质粗骨土	灰渣土	13	薄层石灰岩粗骨性山地褐土	094	沙质黏壤薄层石灰岩质粗骨土
			灰渣土	3	薄层多砾石灰岩质山地褐土	095	中质黏壤薄层石灰岩质粗骨土
				4	中层多砾石灰岩质山地褐土	095	沙质黏壤石灰岩质粗骨土
红黏土	红黏土	红黏土	大黄红土	30	重壤质红黄炉土	060	中壤质红黄炉土
			小黄红土	31	中壤质黄炉土	054	耕种黏壤少砾洪积石灰性褐土

程中使土壤具有草甸腐殖层——氧化还原作用潴育层—母质层的发生层段——潮土的土体构型。

由于潮土地处浊漳河两岸，地平、水肥条件好，可灌溉，加之气候暖和，因而是本市粮食生产基地，故人们对辛安泉一带的潮土素有"小江南"之称。除适种各种粮食经济作物之外；还适种花生、西瓜、水稻、蔬菜等。

另外，潮土成土母质系近代河流冲积物，因河流上游被冲刷，母质以及河水流速分选沉积的不同，使土壤水平沉积层次十分明显，因而沙黏质地层理重叠相间，这些不同的沉积层次，又构成了潮土比较复杂的土质构型。现根据附加过程，耕种与否和质地，层次等将潞城市潮土分为1个亚类，3个土属：冲积潮土、洪冲积潮土、堆垫潮土。

（1）冲积潮土：分布于潞城市辛安泉、店上、史廻、黄牛蹄4个乡（镇），浊漳河河漫滩上，面积为12 493.56亩，占总面积的4.03%。

由于雨季洪水，使浊漳河泛滥，河流两岸部分河漫滩地难于耕种，成为暂时的河滩地，有的作为"闯田"种些花生小麦等；母质为河流冲积、淤积物，土体多沙砾，石灰反应较弱，养分含量贫乏，保肥供肥能力差。面积不大，根据剖面土质构型划分2个土种。即夹砾潮土、耕二合潮土。

①夹砾潮土。此土壤位于本市辛安泉镇、店上镇的浊漳河两岸，面积为9 267.28亩，占普查面积的2.99%。母质为河流冲积、淤积物，使土壤质地轻、沙、砾三者成层相间。典型剖面采集于南马村。

0～23厘米，颜色为浅黄，质地轻壤，结构较差，沙粒含量较高。

23～74厘米，颜色为褐黄，质地轻壤。

74～150厘米，颜色为褐黄，质地沙壤。剖面通体石灰反应由强到弱，在表层之下有薄沙砾层，底土沙砾含量大，故土壤通透性好，为熟性土，有机质的矿质化强，保肥力差。易漏水漏肥，且发小苗，不发老苗，土壤养分含量较低，但易于耕作。

②耕二合潮土。分布于辛安泉、店上、史廻、黄牛蹄4个乡（镇）。面积为3 226.28亩，占第二次土壤普查面积的1.04%。耕二合潮土，分布于冲积平原，一级阶地，母质为冲积物，颜色灰黄—黄褐；表层均为轻壤，心土和底土为中壤、轻壤、沙壤交错，土体湿润，石灰反应强烈；一般种植小麦、玉米、谷子、花生等，产量水平200～250千克/亩。辛安泉、黄牛蹄耕作为两年三作，店上、史廻为一年一作。

（2）洪冲积潮土：分布店上、辛安泉2个镇的浊漳河河漫滩上，面积为8 161.74亩，占总面积的2.63%。母质为河流冲积、淤积物，质地由沙砾—轻壤，地下水2米左右；石灰反应由强到弱，通体可见侵入体，颜色为灰黄—浅黄色，地面平坦，早已开垦为耕地；种植花生、蔬菜、西瓜、杂粮等，产量水平中等，200～250千克/亩。根据堆垫厚度及表层质地分为1个土种：底砾二合洪潮土。

此土种具中下等地力，表层有机质10.6克/千克、全氮0.5克/千克、全磷0.47克/千克、速效钾78毫克/千克、代换量10me百克土、土壤容重为1.05克/厘米^3、63厘米以下为沙壤，易漏水漏肥，63厘米以上为轻壤，此土发小苗不发老苗，保肥供肥能力差，pH为8.1～8.6，呈微碱性反应。

（3）堆垫潮土：本土属分布于潞城市黄牛蹄、辛安泉2个乡（镇），面积为1 880.17

亩，占总面积的 0.61%。根据堆垫厚度及表层质地分为 1 个土种：底砾堆垫潮土，典型剖面采集于黄牛蹄乡河漫滩。此土有以下特点：

①因系古河床河漫滩，人工垫土而成，故土体较薄，一般为 50 厘米，厚的可达 85 厘米，质地为中壤，宜耕期较长，颜色均为淡黄褐至黄褐色，成土时间短，无发育层次，在 50 厘米土层下为原古河床的沙砾层。

②石灰反应强烈，pH 通体为 8.4，碳酸钙含量也较高，0～12 厘米碳酸钙含量达 15.8%，12～30 厘米碳酸钙为 16.2%，30～50 厘米碳酸钙为 17.3%。

③因堆垫时间较短，熟化程度不高，养分含量低，表层 0～12 厘米含有机质仅 5.6 克/千克，0～50 厘米平均仅为 4.48 克/千克；全氮表层只有 0.32 克/千克，0～50 厘米平均为 0.267 克/千克；代换量为 6.8～7.6me 百克土，此土保肥供肥性能一般。

④底部易漏水漏肥，不抗旱，土壤熟化度低，故产量不高，年平均 57.5 千克/亩。

2. 粗骨土　本土类根据砾石的岩性及利用方向划分 1 个亚类，1 个土属，钙质粗骨土，并根据土体厚薄划分 1 个土种，即灰渣土。面积为 2 098.85 亩，占总面积的 0.68%。

灰渣土，在本市分布于微子、黄牛蹄、成家川、店上 4 个乡（镇、街道办事处）。微子等 3 个乡（镇）海拔为 800～900 米，店上镇海拔为 1 050～1 100 米；石灰岩质粗骨土，主要是石灰岩风化坡积物，和黄土堆积物混合形成的一种幼年土壤；石灰岩坡积物是由山洪搬运而来，土体较薄，一般为 24 厘米左右；质地粗糙，土壤容重为 1.17～1.15 克/立方厘米，石灰反应强烈，碳酸钙含量 20%～35.8%，是潞城市碳酸钙含量最高的土壤。在较薄的土层中肉眼可以看到点状和斑状的假菌丝体，因多年未开垦放牧。自然植被也较好，主要有白草、荆条、远志、蒿类，土体中植物根较多，侵入的砾石、石块多。

3. 褐土　褐土是潞城市分布面积最大、范围最广的一类土壤，潞城市 9 个乡（镇、街道办事处）均有褐土分布，面积达 281 375.75 亩，占总面积的 90.76%。

潞城地处暖温带半干旱的森林草原地带，故褐土为本市地带性土壤。本市一年四季分明，春、夏季短，高温多雨，风化和成土作用同时同地积极进行，冬季长寒冷而干燥。自然草灌植被，除山地自然土壤部分已人为造林外，一般均已开垦，被农作物所代替，荒地上和田边、路旁有稀疏的自然植被，如酸枣、白草、蒿类等，多以旱生性草本植物为主，其土壤母质主要是第四纪马兰黄土及其沉积与洪积冲积物；在丘陵区土壤侵蚀严重的地区，为第四纪黄土及红黄土第三纪保德红土，褐土性土多为石灰岩残积母质。

在上述自然成土条件下产生的土壤腐殖化过程，黏化过程和钙积的综合过程，是形成褐土的褐土化过程。在降水量 500～600 毫米的条件下，这里土壤有机质的合成稍大于分解，故每年本市自然褐土腐殖化过程中有机质的累积量常为 20～50 克/千克，多呈灰褐—暗褐色的腐殖层；在本市 500～600 毫米降水，年平均温度 8～10℃ 和微碱性的石灰岩风化物，黄土母质在水、热、酸的条件下，土壤原生矿物在每年高温高湿期进行较强的化学风化、生物风化，形成风化度不同的次生黏土矿物。使土壤心土层黏粒增多而黏化，并具有较明显的黏化层，此即黏化过程；与此同时，母质中较多的碳酸钙在碳酸的作用下，随水淋溶下移至心土、底土中，并以霜状、点状丝状或结核状的新生体重新淀积，成为钙积过程产生的钙积层。

由此上的成土条件和成土过程下，使褐土土类具有以下共同属性：

①具有腐殖层—黏化层—钙积层—母质层的土体构型。

②自然褐土腐殖层有机质含量为 20～50 克/千克，耕种褐土耕层有机质含量为 1%左右。

③有较明显的黏化层，此层<0.01 毫米黏粒含量多为 45% 以上，比上层相对含量增高 8%～9%。

④一般有较强的石灰反应，碳酸钙含量多为 10%～15%，钙积层新生体多以丝状为主，其碳酸钙含量为 15% 左右，比上层相对含量增高 7%～8%。

⑤pH 为 7.5～8.3，呈微碱性反应。

褐土又是潞城市的主要农业土壤，随着人为作用不断加强，土壤有机质的矿质化和养分的转化亦随之增强，其耕作层熟化程度不断提高，耕层结构多以屑粒状或粒块状为主。但在心土层以下，仍保持着褐土的主要特征，如钙积层和黏化层。根据褐土土类不同的附加成土过程，将其划分为褐土性土、石灰性褐土两个亚类，现分述如下：

（1）褐土性土：本亚类在本市分布于微子、合室、辛安泉、成家川、潞华、黄牛蹄 6 个乡（镇、街道办事处），面积达 213 087.06 亩，占总面积的 68.73%。

褐土性土多属自然土壤，其自然植被与褐土相似，除人为造林覆盖较好外，其余草灌植被均较差。一般覆盖度为 30% 左右，从而表现出水土流失过程与生物成土过程对立的统一。即在植被较好处土层及腐殖质较厚，且有机质含量较高，褐土化过程明显；反之植被差，土层薄，有机质含量低，褐土化过程微弱。所以，褐土性土，有相当大面积土层薄至几厘米厚或岩石裸露地表，也有的土层达 30～100 厘米或更厚，土壤的表层均有不同程度的枯枝落叶层，表层质地多为轻壤或中壤。土壤中除黄土、红黄土母质中少砾石外，一般表层到基岩均有不同数量的砾石存在，剖面中可以看到非常明显的白色假菌丝体和蚯蚓粪；据分析剖面中碳酸钙含量自然土壤表层为 3.4%，心土层为 4.2%，底土层为 8.8%，平均为 5.5%。耕种黄土质褐土性土表层为 11.3%，心土层为 12.3%，底土层为 15.5%，pH 为 8.3 左右，呈微碱性反应；该亚类有机质高者达 44 克/千克，低者仅 8 克/千克（表层），该亚类改良措施应发展荒山造林，种草固土。

根据褐土性土的母质类型，农业利用情况分为黄土质褐土性土、沟淤褐土性土、沙泥质褐土性土、灰泥质褐土性土 4 个土属。

①灰泥质褐土性土。主要分布在成家川、辛安泉、黄牛蹄、合室等乡（镇、街道办事处）；该土属大都为山地牧坡，部分为宜林、林区，一般土层浅薄，土质较细。水分条件差，大部岩石裸露地表，岩石与岩石之间有小部分土壤，自然植被较好的地方土层较厚。本市面积达 1 817.30 亩，占总面积的 0.59%。大部分分布在山区，海拔为 1 100～1 200 米，除森林约占 20% 外，其余 80% 农业很难利用，均为牧坡。

②沙泥质褐土性土。沙泥质褐土性土分布于本市成家川、微子 2 个乡（镇、街道办事处），海拔为 850～1 350 米的石灰岩山区，它所处的部位较高，上部黄土被冲蚀，红色黄土裸露地表，下伏基岩为石灰岩。这是覆于石灰岩上风积物的一种自然土壤，自然植被为人工针叶林和野生乔木、紫筒草、荆条、白草、远志等，植被覆盖较好的黄禾脑山土层较厚（50 厘米左右），水分条件较好，但由于气温较低，土壤中有机质积累大于分解。所以，有机残体丰富，表层有 0～3 厘米的枯枝落叶层。分布的红黄土质褐土性土，造林时

间短，自然植被覆盖较差，水分条件较差。剖面中黏化层明显（心土层<0.01毫米的物理性黏粒占59.5%～61.6%），石灰反应从上而下逐渐增强，全剖面有假菌丝体，呈块状结构，pH为8.0～8.4；全剖面可见小砾石，质地偏重，表层有机质较高，2个乡（镇）分布面积为11 185.32亩，占总普查面积的3.61%，是本市较好的自然土壤。本土属根据土层厚薄与不同砾石含量可分为：薄沙泥质立黄土、沙泥质立黄土、耕薄沙泥质立黄土、耕砾沙泥质立黄土4个土种。

A. 沙泥质立黄土：此土地形部位较高，森林覆盖较好，水分条件充足，有机质含量高。土层较厚，但土体仍较早，土壤有机质较低，表层仅0.87%，下层仅0.48%。该土所处田面坡度较大，自然植被覆盖较差，有中度的侵蚀现象。

此土种应大抓水土保持工作，造林固土，扩大植被覆盖面积。

B. 薄沙泥质立黄土：黄土质褐土性土，分布在本市海拔为600米左右。地面起伏较大的合室乡，它的成土母质是覆盖在石灰岩上的风成黄土，根据覆盖物厚度分为1个土种，即中层中壤小砾黄土质褐土性土。

该土种的自然植被有荆条、蒿草、白草等杂草，覆盖的黄土较薄。一般为30～40厘米，水分条件差，有较明显的淋溶作用，在29～40厘米<0.01毫米的物理性黏粒比13～29厘米处高9.6%，比表层高15.8%。全剖面石灰反应强烈，质地中壤—重壤，土层较厚的缓坡地带，现已被开垦为农田。

C. 耕薄砂泥质立黄土：此土多处于丘陵部位，其上部黄土被冲走，红色黄上（老黄土）裸露地表而成。分布于本市店上、微子两个乡（镇），海拔为500～600米，自然植被为旱生植物，如鸡瓜草、蒿类、酸枣、白草、毛毛狗等。母质为红黄土，土体下为石灰岩或砂页岩，土层厚薄不一。西半部店上镇分布的较厚，红黄土覆盖达130厘米左右，下伏砂页岩，此土种碳酸钙含量较少，表层1.2%，心土层1.8%，石灰反应由上而下逐渐减弱。表层全氮量为0.89克/千克，全磷0.23克/千克，碱解氮75毫克/千克，速效磷6毫克/千克，速效钾68毫克/千克；质地为中壤，土壤的保肥性较好，代换量为18～20me/百克土，该土种面积较少，为2 149.07亩，占总面积的0.69%。

D. 耕砾沙泥质立黄土：耕种黄土状褐土性土，分布于本市海拔为900～1 000米的丘陵区微子镇及合室乡。它是由黄土质褐土性土多年开垦的土壤。土体一般较厚，水土流失严重的地段土层较薄且发生层次不明显，颜色呈黄灰色或棕黄色，屑粒和块状结构，表层和心土层肉眼可见大孔隙，无沉积层理，富含碳酸钙（约13%），pH为8.3左右。

此土种分布于山地中部，母质为次生黄土加红黄土；自然植被，地边有酸枣、狗尾草、白草等，为耕种土壤，作物以玉米、谷子、高粱、小麦等为主，产量为100～125千克/亩。地下水位深，无灌溉条件，土层较厚，土壤养分含量由表层往下逐层递减。因处于古黄土之上，因此质地较偏重，经分析机械组成<0.01毫米物理性黏粒，0～20厘米为41.4%，20～65厘米为45.5%，65～104厘米为48.7%，104～105厘米为43.5%；全剖面质地由中壤至重壤。表层代换量为13me/百克土，心土层14me/百克土，底土层为16me/百克土，土壤保肥力中等。土壤容重为1.21克/厘米^3；石灰反应较强，全剖面碳酸钙含量为11%～15%。

③黄土质褐土性土。黄土质褐土性土在本市分布面积最广，本市9个乡（镇、街道办

事处）均有分布，总面积达 167 508.97 亩，占普查面积的 54.03%。根据母质类型的不同和耕种与否，分 2 个土种。耕二合立黄土、立黄土。

A. 耕二合立黄土：耕二合立黄土主要分布在丘陵区，由于侵蚀较重，土壤剖面形态上没有明显的发育特征，或发育特征较弱的幼年土壤，除少数沟坡上没开垦外，大部已耕种，边堰多酸枣、白蒿、远志、刺蓬等草灌。本市 4 镇 3 乡 2 街道办事处均有分布，面积为 4 313.78 亩，占普查面积的 1.39%。

此土壤开垦较早，肥力属中下等，通体为中壤，土体较厚，由几米到几十米。此土种典型剖面 250 号，采集于成家川办事处李家；剖面中在 125～150 厘米<0.01 毫米的物理性黏粒达 53%，比上层 78～125 厘米的 43.2%高 9.8%；碳酸钙在 78～125 厘米之间明显比 34～78 厘米增高 1.6%，比表层增高 7.9%；下层黏粒增高，上层碳酸钙集存，在剖面 34～125 厘米处，肉眼可见假菌丝体。

该土壤因耕作时间长，0～78 厘米肉眼可见煤渣，群众以煤渣垫圈积肥改良土壤质地。因分布于丘陵区，土地平整不好，大多属"三跑田"，耕作层也浅，犁底层厚达 14 厘米；表层容重为 1.28 克/立方厘米，犁底层容重可达 1.43 克/立方厘米，孔隙度表层为 52%，犁底层为 46%，有明显的障碍作用，作物根系难于下伸，肥力属中下等水平。表层有机质为 12.9 克/千克，全剖面 0～150 厘米平均有机质 7.94 克/千克。碳氮比为 10：13，保供肥性能一般，石灰反应较强，pH 为 8.1 左右。

此土一年一作或两年三作，主要种植玉米、谷子、小麦等作物，亩产 125～150 千克。

B. 立黄土：立黄土是本市分布面积较大的一种主要农业土壤，面积 163 195.19 亩，占普查面积的 52.63%，主要分布于黄牛蹄、辛安泉、合室、微子镇、成家川等 9 个乡（镇、街道办事处）范围内。

立黄土是第四纪（晚更新世）马兰黄土母质发育而来的一种耕种褐土，质地为中壤，表层 20 厘米左右，颜色为黄褐—灰黄褐，心土、底土层黏化层为棕色或红黄色；土体厚度因地形而异，心土层到底土层有碳酸钙淀积；大多无灌溉条件，土体干旱，一般产量为 150～200 千克/亩，农业利用上多为一年一作或两年三作。立黄土由于地形侵蚀情况，使剖面中的黏化层和钙积层出现的部位和厚度以及表层质地的粗细各异。

立黄土在 9 个乡（镇、街道办事处）均有分布，面积达 163 195.19 亩。占普查积的 52.63%，此土分布面积较大，成家川、黄牛蹄、合室、史廻等乡（镇、街道办事处），一般活土层较浅 0～20 厘米，最浅的有 0～9 厘米（合室），土体中有较弱的淋溶作用，黏化层出现为 54 厘米左右，下部终止为 140 厘米，在 21 厘米以下均有假菌丝、钙积新生体，部分地段 99～140 厘米处有料姜。剖面中有碳酸钙及黏粒下移现象，石灰反应强烈，此土壤剖面因处地形起伏的丘陵山区，故有轻度的侵蚀，根据不同地形部位采集 2 个典型剖面，028 号在丘陵中部，195 号在丘陵中、上部，活土层较薄。

立黄土，在本市丘陵区是产粮的主要土壤，该土的质地由中壤至重壤，下部有碳酸钙淀积，土体厚度随地形而变异，厚者可达数十米；一般有灌溉条件，主要种植玉米、谷子、小麦等作物，亩产 125～150 千克，土壤肥力属中等水平。

立黄土，耕层容重平均为 1.26 克/立方厘米，土壤团粒结构>10 毫米占 2.4%，5～10 毫米占 16.4%，1～3 毫米占 33.9%；<1 毫米占 47.3%，土壤有机质、全氮等养分在

耕层含量最高，过渡层较低。物理性黏粒含量高的黏化层接近于过渡层，其下层最低。

碳酸钙含量同养分在层次排列上也较相似，说明黏化层有保水保肥能力。所以，中壤轻蚀立黄土上松下紧，底土黏化，保水保肥性好，因无灌溉条件，土体较旱，通气状况较好，有机质分解迅速。此土壤的主要缺点是：有机质贫乏，土壤缺水。此土种为第四纪新黄土母质，再经搬动大多分布于山前洪积扇上，原新黄土早前多覆盖于：代玉脑、卢医山、合室乡西平岭一带的石灰岩之上，土层厚薄不一，植被覆盖率也低，但因降水集中，将黄土冲积于山前，形成山前倾斜平原（也称山前洪积扇裙）。洪水冲刷时带有大量的石渣、石块，一经开垦，人为造成梯田，坡度变小，无灌溉条件，土体较旱，表层容重为1.16克/立方厘米，土壤通透性好，便于微生物活动，有机质分解较快，表层有机质含量为22.1克/千克。

④沟淤褐土性土。包括3个土种：夹砾二合沟淤土、底砾沟淤土、沟淤土。

A. 夹砾二合沟淤土：沟淤红立黄土土属，面积为20 158.73亩，占普查面积的6.50%。本市除黄牛蹄、翟店以外7乡（镇、街道办事处）均有分布。此土多在沟壑纵横，坡陡崖深的"U"形沟内，一般沟深20～50米，沟底经人修整耕作而成。母质为山丘的新、老黄土和保德红土的洪积物，河流淤积物。石灰反应较弱，土体中有数量不同的炉渣、瓦片、零星料姜等侵入体，质地为中壤至重壤，地处沟壑中，土壤含水量较高，通体为中壤，石灰反应较弱，pH为8～8.1。各层主要特征是：

0～21厘米，红黄色、中壤、屑粒状结构，有多量的植物根系，土壤容重1.20克/立方厘米，孔隙度55%，<0.01毫米物理性黏粒占48.3%。

21～64厘米，红黄色、中壤、屑粒状结构，有中量的植物根，孔隙度51%，容重为1.31克/立方厘米，<0.01毫米物理性黏粒占46%，土体中有炉渣瓦片侵入。

64～111厘米，红黄色、中壤、块状结构，也有瓦片等侵入体，孔隙度50%，容重为1.33克/立方厘米，<0.01毫米物理性黏粒占45.6%。

111～150厘米，红黄色、中壤、块状结构，土壤容重为1.31克/立方厘米，孔隙度为51%，<0.01毫米物理性黏粒占45.9%。

有机含量由上向下逐步减少，表层为10.5克/千克，心土层为9.2克/千克，底土层为6.62克/千克，全氮、全磷也有类似趋势。

土质良好，保水、保肥力强，加之降雨，洪水暴发，逐年将山丘大量泥沙和肥分漫淤于沟底表层之上，俗称"沟涨地"，也称"过水地"。土壤肥力较高，抗旱，主要种植小麦、玉米等作物，产量一般高于川地，200～250千克/亩。

B. 底砾沟淤土：土层深度100～120厘米，下部埋藏厚矸层，面积为377.16亩，占普查面积的0.12%。主要分布于史廻乡任和一带，海拔为880～960米丘陵沟谷中，大都为耕种土壤，产量在中上等水平，约225千克/亩。此土种保肥供肥力较强，且施肥量也大，当地年均施农家肥3 500千克，磷肥50千克，氮肥40千克，故产量水平也较高。

其剖面性状特征如下：

0～40厘米，颜色为棕红色，质地中壤，结构屑粒状，稍润，植物根多，几乎没有石灰反应。

40～68厘米，颜色为棕红色，质地重壤，核状和块状结沟，较紧实，植物根中量，有铁矿石的侵入体。

68～96厘米，颜色灰黄，质地中壤，结构核状，土壤潮润，植物根中量，无石灰反应，有铝矿石，零星料姜的侵入。

96～106厘米，颜色灰白色，中壤质地，块状结构，土体紧实有湿润感觉，植物根系少，有料姜侵入。

106～150厘米，为灰色片状，坚硬，成有锈斑的矸层（即高岭土）。

C. 沟淤土：沟淤土是由山丘上的黄土侵蚀搬运淤积于沟底而成，母质为沟淤新黄土，分布在本市成家川、潞华、微子镇、黄牛蹄、合室、辛安泉6个乡（镇、街道办事处），面积为12 039.58亩，占普查面积的3.88%。均为耕地土壤，该土层典型剖面采集于潞华街道办事处东贾村，村正东方向500米处。

本类土壤的主要特征是：

一是土体深，活土层厚约30厘米，质地为中壤，现全为耕种土壤。为屑粒状和碎块状结构，土壤较松，易耕作。

二是全剖面石灰反应强烈，pH为8.2～8.3，呈微碱性反应，在30厘米以下即可见假菌丝和蚯蚓粪，碳酸钙含量较高8.6%～13.7%，代换量10～14me/百克土，土壤的保肥力中等。表层容重1.15克/立方厘米，平均值为1.27克/立方厘米，土壤通透性较好。

三是土壤养分含量偏低，表层有机质仅8.35克/千克，全氮0.53克/千克，碳氮比为9.2，全磷0.52克/千克；养分偏低一般与土壤母质有关，但沟壑中地温低，蒸发量少，保水力较强，一般作物产量为200～250千克/亩。

此土壤应加强农田基本建设，防止洪水冲地。多施热性肥，改善土壤质地与结构，进一步培肥土壤。

（2）石灰性褐土：石灰性褐土为褐土水平地带亚类，分布于本市潞华、成家川、微子镇、合室、翟店、史廻、店上、辛安泉、成家川9个乡（镇、街道办事处）的上党盆地及丘陵盆地和漳河二级、三级阶地上，地面平坦；母质大部分为红黄土和黄土冲积物，质地适中，颜色较深，土体较厚；地下水较浅，可以灌溉。大部分属水浇地，但因渠系不配套，部分土地尚不能浇灌。

褐土诊断层发育较好，黏化、钙积层明显，在78厘米以下的物理性黏粒明显增高；在42厘米以下有中量的白色假菌丝体的钙积新生体，通体石灰反应较强烈。该亚类面积为68 288.69亩，占普查面积的22.02%。在本市属粮菜重点基地。此亚类下1个土属：黄土状石灰性褐土，1个土种：二合黄垆土。

黄土状石灰性褐土。本土属分布潞华、成家川、微子镇、合室、翟店、史廻、店上、辛安泉、成家川9个乡（镇、街道办事处）的上党盆地及丘陵盆地和漳河一级和三级阶地上，68 288.69亩，占普查面积的22.02%。

本土属地形较平坦，大部分属上党盆地和山间盆地与上党盆地相接的二级和三级阶地上，母质为红黄及红黄土状冲积物，质地较黏，中壤至重壤；开垦较早，发育程度较好，红黄土下层未见假菌丝体，石灰反应由强到弱，0～150厘米间碳酸钙含量1.86%～7.37%，保水保肥性较好；红黄土状母质45厘米处以下有假菌丝体，数量也较多，石灰反应强烈，碳酸钙为 6.35%～12.1%。全剖面均有侵入体，通体为中壤，该土壤开垦较早，耕层历史悠久，地面较平，可灌溉。

二合黄垆土：有以下特征：

一是地形平坦，侵蚀微弱，地下水位浅，大多有灌溉条件。

二是土体深厚，耕性良好，表层均为屑粒状、下层为块状结构，50 厘米以下有厚薄、强弱不同的黏化层出现，也有明显的假菌丝体；50 厘米以上有蚯蚓粪，耕种历史悠久，土壤较肥沃；70 厘米以上有煤渣、瓦片等侵入体。

三是全剖面石灰反应强烈，碳酸钙含量为 5%～15.7%，平均为 8.6%。

四是养分含量较高，表层有机质，为 17.9～21.2 克/千克，表层 C/N 为 10：13，代换量为 13～17me/百克土，耕种方式为一年一作或两年三作，主要种植玉米、谷子、小麦、蔬菜等，产量水平 275 千克/亩左右。

4. 红黏土（红烧土或小瓣红土） 面积为 4 047.55 亩，占总面积的 1.31%。分布于本市的店上、史廻 2 个乡（镇），海拔为 940～990 米之丘陵低山区。

该土俗称小辨红土（也叫红烧土），由于地面坡度较大，植被差，侵蚀严重，上部黄土、老黄土被冲走；红黏土裸露地表，其沉积期较早，为第三纪保德红土，土体深厚，由几米到数十米不等；山区土体较薄，石灰反应由上到下从弱到无，核状结构面上可见明显的铁锰胶膜和料姜层；红黏土土属根据侵蚀程度及表层质地分为 1 个土种，即红黏土。

该土种为耕作土壤，由于地面平整不好，故水土流失也较严重，耕作层浅，采集 4 个典型剖面平均为 19.2 厘米，质地由重壤到轻黏，颜色由棕红色至红色，石灰反应由弱到无。

红黏土碳酸钙含量比一般土壤低，也是晋东南比其他地区面积较大的一种特殊土壤，<0.01 毫米的物理性黏粒，0～78 厘米为 49.8%，78～103 厘米为 60.9%，103～150 厘米为 59.1%，表土层重容为 1.20 克/厘米^3。由于质地较重，土壤通透性差，微生物活动一般，地处潞城与襄垣，长治市交界处的山区及丘陵地带，离村庄较远，坡度较大，运输不便，上农家肥少，年平均为 2 000～2 500 千克，故养分含量较低，有机质表层为 10.8 克/千克，从表层至底层，逐渐向下减退，下层仅 1.91 克/千克。

红黏土保肥保水能力强，土壤的代换量 0～103 厘米为 20me/百克土，供肥性能较好，发老苗不发小苗；作物生长后期，供肥性较前期强，土壤比较抗旱但不抗涝，宜耕期短，难于耕作；春季地温上升较慢，不利于幼苗生长；土壤紧实，易板结龟裂；雨多时，易出涧水；养分含量较低，属中下等肥力水平。但该土的最大优点是所产粮食的品质好，千粒重高，种植作物有玉米、谷子、豆类、小麦等，产量为 150～250 千克/亩。

第二节 有机质及大量元素

土壤大量元素背景值的表达方式以各统计单元养分汇总结果的算术平均值和标准差来表示，分别以单体 N、P、K 表示。表示单位：有机质、全氮用克/千克表示，有效磷、速效钾、缓效钾用毫克/千克表示。

一、含量与分布

土壤有机质、全氮、有效磷、速效钾等以《山西省耕地土壤养分含量分级参数表》为标准各分 6 个级别,见表 3-3。

表 3-3　山西省耕地地力土壤养分耕地标准

级　别	I	II	III	IV	V	VI
有机质（克/千克）	>25.00	20.01~25.00	15.01~20.01	10.01~15.01	5.01~10.01	≤5.01
全氮（克/千克）	>1.50	1.201~1.50	1.001~1.201	0.701~1.001	0.501~0.701	≤0.501
有效磷（毫克/千克）	>25.00	20.01~25.00	15.1~20.01	10.1~15.10	5.1~10.10	≤5.10
速效钾（毫克/千克）	>250	201.00~250.00	151.00~201.00	101.00~151.00	51.00~101.00	≤51.0
缓效钾（毫克/千克）	>1 200	901.00~1 200.00	601.00~901.00	351.00~601.00	151.00~351.00	≤151.00
阳离子代换量（厘摩尔/千克）	>20.00	15.01~20.00	12.01~15.01	10.01~12.01	8.01~10.01	≤8.01
有效铜（毫克/千克）	>2.00	1.51~2.00	1.01~1.51	0.51~1.01	0.21~0.51	≤0.21
有效锰（毫克/千克）	>30.00	20.01~30.00	15.01~20.01	5.01~15.01	1.01~5.01	≤1.01
有效锌（毫克/千克）	>3.00	1.51~3.00	1.01~1.51	0.51~1.01	0.31~0.51	≤0.31
有效铁（毫克/千克）	>20.00	15.01~20.00	10.01~15.01	5.01~10.01	2.51~5.01	≤2.51
有效硼（毫克/千克）	>2.00	1.51~2.00	1.01~1.51	0.51~1.01	0.21~0.51	≤0.21
有效钼（毫克/千克）	>0.30	0.26~0.30	0.21~0.26	0.16~0.21	0.11~0.16	≤0.11
有效硫（毫克/千克）	>200.00	100.10~200.00	50.10~100.10	25.10~50.10	12.10~25.10	≤12.10
有效硅（毫克/千克）	>250.0	200.10~250.00	150.10~200.10	100.10~150.10	50.10~100.10	≤50.10
交换性钙（克/千克）	>15.00	10.01~15.00	5.01~10.10	1.01~5.01	0.51~1.01	≤0.51
交换性镁（克/千克）	>1.00	0.76~1.00	0.51~0.75	0.31~0.50	0.06~0.30	≤0.05

（一）有机质

潞城市耕地土壤有机质含量变化为 8.31~28.27 克/千克,平均值为 17.81 克/千克,属三级水平。见表 3-4。

（1）不同行政区域:店上镇平均值最高平均值为 19.44 克/千克;依次是史廻乡平均值为 19.34 克/千克,微子镇平均值为 19.23 克/千克,翟店镇平均值为 18.33 克/千克,合室乡平均值为 18.04 克/千克,辛安泉镇平均值为 17.93 克/千克,黄牛蹄乡平均值为 17.54 克/千克,成家川街道办事处平均值为 14.9 克/千克,潞华街道办事处平均值为 14.00 克/千克。

（2）不同地形部位:山地、丘陵（中、下）部的缓坡地段,地面有一定的坡度平均值最高,平均值为 17.89 克/千克;依次是丘陵低山中、下部及坡麓平坦地平均值为 17.83 克/千克,低山丘陵坡地平均值为 17.66 克/千克。

（3）不同母质：洪积物平均值最高，为17.96克/千克；依次是黄土母质，平均值为17.81克/千克；最低是黄土状母质（物理黏粒含量＞45%）平均值为17.61克/千克。

（4）不同土壤类型：潮土最高，平均值为18.54克/千克；依次是红黏土平均值为18.38克/千克，粗骨土平均值为17.84克/千克；最低是褐土，平均值为17.76克/千克。

（二）全氮

潞城市耕地土壤全氮含量变化为0.60～1.63克/千克，平均值为0.92克/千克，属四级水平。见表3-4。

（1）不同行政区域：翟店镇平均值最高平均值为1.15克/千克；依次是店上镇平均值为1.11克/千克，微子镇平均值为0.95克/千克，史廻乡平均值为0.91克/千克，合室乡平均值为0.91克/千克，成家川街道办事处平均值为0.88克/千克，潞华街道办事处平均值为0.82克/千克，辛安泉镇平均值为0.77克/千克；黄牛蹄乡平均值为0.77克/千克。

（2）不同地形部位：丘陵低山中、下部及坡麓平坦地平均值最高，平均值为0.97克/千克；依次是山地、丘陵（中、下）部的缓坡地段，地面有一定的坡度平均值为0.9克/千克；最低是低山丘陵坡地平均值为0.87克/千克。

（3）不同母质：洪积物平均值最高，为1.07克/千克；依次是黄土母质平均值为0.92克/千克；最低是黄土状母质（物理黏粒含量＞45%），平均值为0.88克/千克。

（4）不同土壤类型：红黏土最高，平均值为1.11克/千克；依次是粗骨土平均值为0.99克/千克，潮土平均值为0.95克/千克；最低是褐土，平均值为0.92克/千克。

（三）有效磷

潞城市耕地土壤有效磷含量变化为2.51～28.49毫克/千克，平均值为9.49毫克/千克，属五级水平。见表3-4。

（1）不同行政区域：成家川办事处平均值最高，平均值为11.51毫克/千克；依次是潞华办事处，平均值为11.35毫克/千克，翟店镇平均值为11.07毫克/千克，黄牛蹄乡平均值为10.48毫克/千克，合室乡平均值为9.48毫克/千克，微子镇平均值为9.4毫克/千克，史廻乡平均值为8.67毫克/千克，店上镇平均值为8.06毫克/千克，辛安泉镇平均值为6.76毫克/千克。

（2）不同地形部位：丘陵低山中、下部及坡麓平坦地平均值最高，平均值为9.61毫克/千克；依次是山地、丘陵（中、下）部的缓坡地段，地面有一定的坡度平均值为9.45毫克/千克；最低是低山丘陵坡地平均值为9.3毫克/千克。

（3）不同母质：黄土状母质（物理黏粒含量＞45%）平均值最高，为10.02毫克/千克；依次是洪积物平均值为9.99毫克/千克；最低是黄土母质，平均值为9.4毫克/千克。

（4）不同土壤类型：粗骨土平均值最高，为11.91毫克/千克；依次是褐土平均值为9.56毫克/千克，潮土平均值为8.14毫克/千克；最低是红黏土平均值为8.11毫克/千克。

（四）速效钾

潞城市耕地土壤速效钾含量变化为97.69～287.44毫克/千克，平均值为173.62毫克/千克，属三级水平。见表3-4。

表3-4 潞城市大田土壤大量元素分类统计结果

类别		有机质		全氮		有效磷		速效钾		缓效钾	
		平均值	区域值	平均值	区域值	平均值	区域值	平均值	区域值	平均值	区域值
行政区域	潞华办事处	14.00	10.0~19.30	0.82	0.67~1.15	11.35	4.17~24.39	158.54	97.69~223.87	984.30	840.16~1199.95
	微子镇	19.23	9.96~26.64	0.95	0.64~1.46	9.40	2.72~24.06	175.2	136.94~243.47	1037.95	760.44~1355.26
	店上镇	19.44	11.99~28.27	1.11	0.70~1.63	8.06	2.51~26.23	176.07	120.6~287.44	958.82	780.37~1180.02
	翟店镇	18.33	12.65~25.66	1.15	0.77~1.48	11.07	4.59~25.10	180.27	133.67~230.40	986.52	800.30~1199.95
	辛安泉镇	17.93	11.99~25.34	0.77	0.61~1.08	6.76	2.93~14.39	173.29	123.87~227.14	1035.86	780.37~1509.53
	成家川办事处	14.90	8.31~24.63	0.88	0.60~1.19	11.51	2.51~28.49	165.37	120.6~227.14	1035.04	800.30~1303.84
	史迴乡	19.34	12.32~24.30	0.91	0.69~1.50	8.67	4.17~18.07	171.94	127.14~223.87	1007.87	800.30~1329.55
	合室乡	18.04	11.33~22.98	0.91	0.66~1.22	9.48	3.76~20.00	179.09	133.67~223.87	1009.37	578.33~1252.42
	黄牛蹄乡	17.54	13.97~21.66	0.77	0.61~1.28	10.48	3.76~20.00	181.04	157.53~214.07	1061.69	820.23~1355.26
土壤类型	潮土	18.54	13.97~24.30	0.95	0.63~1.50	8.14	3.76~14.39	174.79	123.87~220.60	1017.50	780.37~1226.71
	粗骨土	17.84	13.31~21.33	0.99	0.77~1.19	11.91	4.79~21.75	165.66	136.94~210.80	994.61	800.30~1160.09
	褐土	17.76	8.31~28.27	0.92	0.60~1.63	9.56	2.51~28.49	173.61	97.69~287.44	1014.91	578.33~1509.53
	红黏土	18.38	14.3~22.32	1.11	0.78~1.59	8.11	4.17~13.73	175.77	150.00~196.74	950.40	820.23~1100.30
地形部位	低山丘陵坡地	17.66	8.64~25.66	0.87	0.61~1.48	9.30	2.51~26.23	174.86	120.60~227.14	1035.21	578.33~1355.26
	丘陵低山中、下部及坡麓平坦地	17.83	8.97~28.27	0.97	0.60~1.63	9.61	2.51~28.49	173.15	107.53~287.44	999.99	780.37~1329.55
	山地、丘陵（中、下）部的缓坡地段、地面有一定的坡度	17.89	8.31~26.31	0.90	1.60~1.55	9.45	2.51~26.23	173.43	97.69~246.74	1017.80	680.72~1509.53
土壤母质	洪积物	17.96	9.63~24.30	1.07	0.63~1.50	9.99	2.93~25.10	177.27	114.07~230.40	1008.66	800.30~1226.71
	黄土状母质	17.61	9.30~24.96	0.88	0.61~1.38	10.02	3.76~22.08	175.54	123.87~223.87	1037.87	820.23~1355.26
	黄土母质（物理黏粒含量>45%）	17.81	8.31~28.27	0.92	0.60~1.63	9.40	2.51~28.49	173.16	97.69~287.44	1012.59	578.33~1509.53

（1）不同行政区域：黄牛蹄乡平均值最高，平均值为 181.04 毫克/千克；依次是翟店镇，平均值为 180.27 毫克/千克，合室乡平均值为 179.09 毫克/千克，店上镇平均值为 176.07 毫克/千克，微子镇平均值为 175.2 毫克/千克，辛安泉镇平均值为 173.29 毫克/千克，史廻乡平均值为 171.94 毫克/千克，成家川街道办事处平均值为 165.37 毫克/千克；潞华街道办事处平均值为 158.54 毫克/千克。

（2）不同地形部位：低山丘陵坡地平均值最高，平均值为 174.86 毫克/千克；依次是山地、丘陵（中、下）部的缓坡地段，地面有一定的坡度平均值为 173.43 毫克/千克；最低是丘陵低山中、下部及坡麓平坦地平均值为 173.15 毫克/千克。

（3）不同母质：洪积物平均值最高，为 177.27 毫克/千克；依次是黄土状母质（物理黏粒含量＞45％）平均值为 175.54 毫克/千克；最低是黄土母质，平均值为 173.16 毫克/千克。

（4）不同土壤类型：红黏土平均值最高为 175.77 毫克/千克；依次是潮土平均值为 174.79 毫克/千克，褐土平均值为 173.61 毫克/千克；最低是粗骨土，平均值为 165.66 毫克/千克。

（五）缓效钾

本市耕地土壤缓效钾含量变化为 578.33～1 509.53 毫克/千克，平均值为 1013.93 毫克/千克，属二级水平。见表 3-4。

（1）不同行政区域：黄牛蹄乡平均值最高，平均值为 1 061.69 毫克/千克；依次是微子镇，平均值为 1 037.95 毫克/千克，辛安泉镇平均值为 1 035.86 毫克/千克，成家川街道办事处平均值为 1 035.04 毫克/千克，合室乡平均值为 1 009.37 毫克/千克，史廻乡平均值为 1 007.87 毫克/千克，翟店镇平均值为 986.52 毫克/千克，潞华街道办事处平均值为 984.3 毫克/千克，店上镇平均值为 958.82 毫克/千克。

（2）不同地形部位：低山丘陵坡地平均值最高，平均值为 1 035.21 毫克/千克；依次是山地、丘陵（中、下）部的缓坡地段，地面有一定的坡度平均值为 1 017.8 毫克/千克；最低是丘陵低山中、下部及坡麓平坦地平均值为 999.99 毫克/千克。

（3）不同母质：黄土状母质（物理黏粒含量＞45％）平均值最高，为 1 037.87 毫克/千克，依次是黄土母质平均值为 1 012.59 毫克/千克；最低是洪积物，平均值为 1 008.66 毫克/千克。

（4）不同土壤类型：潮土平均值最高为 1 017.5 毫克/千克；依次是褐土平均值为 1 014.91 毫克/千克，粗骨土平均值为 994.61 毫克/千克；最低是红黏土，平均值为 950.4 毫克/千克。

二、分级论述

（一）有机质

Ⅰ级 有机质含量为大于 25.00 克/千克，面积为 718.78 亩，占总耕地面积的 0.23％。主要分布在微子镇。种植小麦、玉米、桃、果树等作物。

Ⅱ级 有机质含量为 20.01～25.00 克/千克，面积为 57 674.24 亩，占总耕地面积的

18.60％。主要分布在微子镇、店上镇、翟店镇、辛安泉镇、成家川街道办事处、史廻乡、合室乡、黄牛蹄乡。种植小麦、玉米、桃、果树等作物。

Ⅲ级　有机质含量为 15.01～20.01 克/千克，面积为 200 160.45 亩，占总耕地面积的 64.56％。主要分布在潞华街道办事处、微子镇、店上镇、翟店镇、辛安泉镇、成家川办事处、史廻乡、合室乡、黄牛蹄乡。种植小麦、玉米、桃、果树等作物。

Ⅳ级　有机质含量为 10.01～15.01 克/千克，面积为 50 241.32 亩，占总耕地面积的 16.2％。主要分布在潞华街道办事处、微子镇、店上镇、翟店镇、辛安泉镇、成家川街道办事处、史廻乡、合室乡、黄牛蹄乡。主要种植有小麦、玉米和果树等作物。

Ⅴ级　有机质含量为 5.01～10.01 克/千克，面积为 1 262.83 亩，占总耕地面积的 0.41％。主要分布在成家川街道办事处，主要种植有小麦、玉米和果树等作物。

Ⅵ级　全市无分布。

（二）全氮

Ⅰ级　全氮含量为大于 1.50 克/千克，面积为 191.35 亩，占总耕地面积的 0.06％。主要分布在潞华街道办事处、微子镇、店上镇、翟店镇、辛安泉镇、成家川街道办事处、史廻乡、合室乡、黄牛蹄乡。主要种植有小麦、玉米、桃、中药材和果树等作物。

Ⅱ级　全氮含量为 1.201～1.50 克/千克，面积为 32 698.46 亩，占总耕地面积的 10.55％。主要分布在微子镇、店上镇、翟店镇、史廻乡。主要种植有小麦、玉米、桃、中药材和果树等作物。

Ⅲ级　全氮含量为 1.001～1.201 克/千克，面积为 86 050.93 亩，占总耕地面积的 27.75％。主要分布在微子镇、店上镇、翟店镇、成家川街道办事处、史廻乡、合室乡。主要种植有小麦、玉米、桃、中药材和果树等作物。

Ⅳ级　全氮含量为 0.701～1.001 克/千克，面积为 158 438.09 亩，占总耕地面积的 51.1％。主要分布在潞华街道办事处、微子镇、店上镇、翟店镇、辛安泉镇、成家川街道办事处、史廻乡、合室乡、黄牛蹄乡。主要种植有小麦、玉米、桃、中药材和果树等作物。

Ⅴ级　全氮含量为 0.501～0.701 克/千克，面积为 32 678.79 亩，占总耕地面积的 10.54％。主要分布在微子镇、辛安泉镇、成家川街道办事处、黄牛蹄乡。作物有小麦、玉米、桃、中药材和果树等。

Ⅵ级　全市无分布。

（三）有效磷

Ⅰ级　有效磷含量为大于 25.00 毫克/千克，面积为 244.26 亩，占总耕地面积 0.08％。主要分布在成家川街道办事处。主要作物有小麦、玉米、棉花、果树、葡萄、中药材、桃等。

Ⅱ级　有效磷含量为 20.01～25.00 毫克/千克，面积为 3 884.59 亩，占总耕地面积 1.25％。主要分布在潞华街道办事处、微子镇、成家川街道办事处。作物有小麦、玉米、棉花、果树、葡萄等。

Ⅲ级　有效磷含量为 15.1～20.01 毫克/千克，面积为 22 161.54 亩，占总耕地面积的 7.15％。主要分布在潞华街道办事处、微子镇、翟店镇、成家川街道办事处、合室乡、黄牛蹄乡。主要作物有小麦、玉米、棉花、中药材、桃、果树等。

Ⅳ级 有效磷含量为 10.1～15.1 毫克/千克，面积为 106 732.66 亩，占总耕地面积的 34.42%。主要分布在潞华街道办事处、微子镇、店上镇、翟店镇、辛安泉镇、成家川街道办事处、史廻乡、合室乡、黄牛蹄乡。作物有小麦、玉米、棉花、桃、果树等。

Ⅴ级 有效磷含量为 5.1～10.1 毫克/千克，面积为 157 918.87 亩，占总耕地面积的 50.93%。主要分布在潞华街道办事处、微子镇、店上镇、翟店镇、辛安泉镇、成家川街道办事处、史廻乡、合室乡、黄牛蹄乡。主要作物为小麦、玉米、棉花、果树、桃等。

Ⅵ级 有效磷含量为小于等于 5.1 毫克/千克，面积为 19 115.70 亩，占总耕地面积的 6.17%。主要分布在潞华街道办事处、微子镇、店上镇、翟店镇、辛安泉镇、成家川街道办事处、史廻乡、合室乡、黄牛蹄乡。主要作物为小麦、玉米、棉花、果树、桃等。

（四）速效钾

Ⅰ级 速效钾含量为大于 250 毫克/千克，面积为 182.36 亩，占总耕地面积的 0.06%。主要分布在店上镇。作物有小麦、玉米、棉花、中药材、果树、桃、梨等。

Ⅱ级 速效钾含量为 201～250 毫克/千克，面积为 22 399.34 亩，占总耕地面积 7.22%。主要分布在微子镇、店上镇、翟店镇、辛安泉镇、成家川街道办事处、史廻乡、合室乡。作物有小麦、玉米、棉花、中药材、果树、桃、梨等。

Ⅲ级 速效钾含量为 151～201 毫克/千克，面积为 263 741.06 亩，占总耕地面积的 85.06%。主要分布在潞华街道办事处、微子镇、店上镇、翟店镇、辛安泉镇、成家川街道办事处、史廻乡、合室乡、黄牛蹄乡。主要作物有小麦、玉米、蔬菜、果树等。

Ⅳ级 速效钾含量为 101～151 毫克/千克，面积为 23 724.10 亩，占总耕地面积的 7.65%。主要分布在潞华街道办事处、微子镇、店上镇、翟店镇、辛安泉镇、成家川街道办事处、史廻乡、合室乡。主要作物有小麦、玉米、果树、桃等。

Ⅴ级 速效钾含量为 51～101 毫克/千克，面积为 10.76 亩，占总耕地面积的 0.003%。主要分布在潞华街道办事处。作物为小麦、玉米、果树等。

Ⅵ级 全市无分布。

（五）缓效钾

Ⅰ级 缓效钾含量为大于 1 200 毫克/千克，面积为 4 800.98 亩，占总耕地面积的 1.55%。主要分布在微子镇、辛安泉镇、成家川街道办事处、黄牛蹄乡。作物有小麦、玉米、棉花、中药材、果树、桃、梨等。

Ⅱ级 缓效钾含量为 901～1 200 毫克/千克，面积为 271 713.53 亩，占总耕地面积的 87.63%。主要分布在潞华街道办事处、微子镇、店上镇、翟店镇、辛安泉镇、成家川街道办事处、史廻乡、合室乡、黄牛蹄乡。作物有小麦、玉米、棉花、中药材、果树、桃、梨等。

Ⅲ级 缓效钾含量为 601～901 毫克/千克，面积为 33 501.69 亩，占总耕地面积的 10.81%。主要分布在潞华街道办事处、微子镇、店上镇、翟店镇、辛安泉镇、成家川街道办事处、史廻乡、合室乡。主要作物有小麦、玉米、蔬菜、果树等。

Ⅳ级 缓效钾含量为 351～601 毫克/千克，面积为 41.42 亩，占总耕地面积的 0.01%。主要分布在合室乡。主要作物有小麦、玉米、果树、桃等。

Ⅴ级 全市无分布。

Ⅵ级　全市无分布。

潞城市耕地土壤大量元素分级面积见表3-5。

表3-5　潞城市耕地土壤大量元素分级面积

单位：万亩

类　别		Ⅰ		Ⅱ		Ⅲ		Ⅳ		Ⅴ		Ⅵ	
		百分比（%）	面积	百分比（%）	面积	百分比（%）	面积	百分比（%）	面积	百分比（%）	面积	百分比（%）	面积
耕地土壤	有机质	0.23	0.07	18.61	5.77	64.56	20.02	16.2	5.02	0.41	0.13	0	0
	全氮	0.06	0.02	10.55	3.27	27.75	8.61	51.1	18.84	10.54	3.27	0	0
	有效磷	0.08	0.024	1.25	0.39	7.15	2.22	34.42	10.67	50.93	15.79	6.17	1.91
	速效钾	0.06	0.02	7.22	2.24	85.06	26.4	7.65	2.37	0	0	0	0
	缓效钾	1.55	0.48	87.63	27.17	10.83	3.35	0	0	0	0	0	0

第三节　中量元素

中量元素背景值的表达方式以各统计单元养分汇总结果的算术平均值和标准差来表示。以单位体S（硫）表示，表示单位：用毫克/千克来表示。

由于有效硫目前全国范围内仅有酸性土壤临界值，而本市土壤属石灰性土壤，没有临界值标准。因而只能根据养分分量的具体情况进行级别划分，分6个级别，见表3-2。

一、含量与分布

有效硫

潞城市耕地土壤有效硫含量变化为12.96～130.83毫克/千克，平均值为43.68毫克/千克，属三级水平。见表3-6。

（1）不同行政区域：潞华街道办事处平均值最高平均值为73.56毫克/千克；依次是史廻乡平均值为55.03毫克/千克，翟店镇平均值为53.53毫克/千克，成家川街道办事处平均值为47.85毫克/千克，辛安泉镇平均值为40.61毫克/千克，合室乡平均值为40.25毫克/千克，店上镇平均值为36.02毫克/千克，黄牛蹄乡平均值为34.91毫克/千克，最低是微子镇平均值为31.06毫克/千克。

（2）不同地形部位：丘陵低山、中下部及坡麓平坦地平均值最高，平均值为48.54毫克/千克；依次是山地、丘陵（中、下）部的缓坡地段，地面有一定的坡度平均值为40.56毫克/千克；最低是中低山上、中部坡腰平均值为39.17毫克/千克。

（3）不同母质：洪积物平均值最高，为51.8毫克/千克；依次是黄土母质平均值为43.32毫克/千克；最低是黄土状母质（物理黏粒含量＞45%），平均值为39.14毫克/千克。

（4）不同土壤类型：粗骨土平均值最高为52.96毫克/千克；依次是红黏土平均值为

49.36毫克/千克；褐土平均值为43.53毫克/千克；最低是潮土平均值为42.82毫克/千克。

表3-6　潞城市耕地土壤中量元素分类统计结果

单位：毫克/千克

类　　别		有效硫	
		平　均	区域值
行政区域	潞华街道办事处	73.56	35.06～130.83
	微子镇	31.06	12.96～90.02
	店上镇	36.02	16.40～100.00
	翟店镇	53.53	28.42～90.02
	辛安泉镇	40.61	16.40～73.39
	成家川街道办事处	47.85	19.84～96.67
	史廻乡	55.03	18.12～114.07
	合室乡	40.25	12.96～105.69
	黄牛蹄乡	34.91	16.40～93.35
土壤类型	潮　土	42.82	16.4～93.35
	粗骨土	52.96	18.12～70.06
	褐　土	43.53	12.96～130.83
	红黏土	49.36	22.42～100.00
地形部位	低山丘陵坡地	39.17	12.96～111.27
	丘陵低山（中、下）部及坡麓平坦地	48.54	15.51～130.83
	山地、丘陵（中、下）部的缓坡地段，地面有一定的坡度	40.56	12.96～105.69
土壤母质	洪积物	51.80	15.54～108.48
	黄土状母质（物理黏粒含量＞45％）	39.14	12.96～96.67
	黄土母质	43.32	12.96～130.83

二、分级论述

有效硫

Ⅰ级　全市无分布。

Ⅱ级　有效硫含量为100.1～200.0毫克/千克，面积为2 049.74亩，占总耕地面积的0.66％，主要分布在潞华街道办事处。主要作物为小麦、玉米、蔬菜、桃、果树等。

Ⅲ级　有效硫含量为50.1～100.1毫克/千克，面积为111 007.13亩，占总耕地面积35.81％。主要分布在潞华街道办事处、微子镇、店上镇、翟店镇、辛安泉镇、成家川街道办事处、史廻乡、合室乡。主要作物为小麦、玉米、蔬菜、桃、果树等。

Ⅳ级　有效硫含量为25.1～50.1毫克/千克，面积为167 072.68亩，占总耕地面积 53.87%，主要分布在潞华街道办事处、微子镇、店上镇、翟店镇、辛安泉镇、成家川街道办事处、史廻乡、合室乡、黄牛蹄乡。主要作物为小麦、玉米、蔬菜、桃、果树等。

Ⅴ级　有效硫含量为 12.1～25.1 毫克/千克，面积为 29 928.07 亩，占总耕地面积的 9.65%。主要分布在、微子镇、店上镇、辛安泉镇、成家川街道办事处、合室乡、黄牛蹄乡。主要作物为小麦、玉米、蔬菜、中药材、桃、果树。

Ⅵ级　全市无分布。

潞城市耕地土壤中量元素分级面积见表 3-7。

表 3-7　潞城市耕地土壤中量元素分级面积

单位：万亩

类别	Ⅰ		Ⅱ		Ⅲ		Ⅳ		Ⅴ		Ⅵ	
	百分比（%）	面积	百分比（%）	面积	百分比（%）	面积	百分比（%）	面积	百分比（%）	面积	百分比（%）	面积
有效硫	0	0	0.66	0.20	35.81	11.1	53.87	16.7	9.65	2.99	0	0

第四节　微量元素

土壤微量元素背景值的表达方式以各统计单元养分汇总结果的算术平均值和标准差来表示，分别以单体 Cu、Zn、Mn、Fe、B 表示。表示单位为毫克/千克。

土壤微量元素参照全省第二次土壤普查的标准，结合本市土壤养分含量状况重新进行划分，各分 6 个级别，见表 3-3。

一、含量与分布

(一) 有效铜

潞城市耕地土壤有效铜含量变化为 0.40～2.28 毫克/千克，平均值为 0.90 毫克/千克，属四级水平。见表 3-8。

(1) 不同行政区域：成家川街道办事处平均值最高平均值为 1.05 毫克/千克；依次是翟店镇平均值为 1.03 毫克/千克，潞华街道办事处平均值为 1.02 毫克/千克，黄牛蹄乡平均值为 1.02 毫克/千克，店上镇平均值为 0.92 毫克/千克，合室乡平均值为 0.89 毫克/千克，微子镇平均值为 0.82 毫克/千克，史廻乡平均值为 0.76 毫克/千克；最低是辛安泉镇平均值为 0.71 毫克/千克。

(2) 不同地形部位：丘陵低山中、下部及坡麓平坦地平均值最高，平均值为 0.93 毫克/千克；依次是山地、丘陵（中、下）部的缓坡地段，地面有一定的坡度平均值为 0.89 毫克/千克；最低是低山丘陵坡地平均值为 0.88 毫克/千克。

(3) 不同母质：洪积物平均值最高，为 0.96 毫克/千克；依次是黄土状母质（物理黏粒含量＞45%）平均值为 0.93 毫克/千克；最低是黄土母质，平均值为 0.9 毫克/千克。

(4) 不同土壤类型：粗骨土平均值最高为 1.06 毫克/千克；依次是红黏土平均 0.91

毫克/千克，褐土平均值为0.9毫克/千克；最低是潮土，平均值为0.89毫克/千克。

（二）有效锌

潞城市耕地土壤有效锌含量变化为0.49～4.61毫克/千克，平均值为1.29毫克/千克，属三级水平。见表3-8。

表3-8 潞城市耕地土壤微量元素分类统计结果

单位：毫克/千克

类 别		有效铜		有效锰		有效锌		有效铁		有效硼	
		平均值	区域值	平均值	区域值	平均值	区域值	平均值	区域值	平均值	区域值
行政区域	潞华街道办事处	1.02	0.58～1.58	21.06	12.09～30.77	1.36	0.84～2.30	11.61	5.00～25.06	0.53	0.35～0.77
	微子镇	0.82	0.58～1.17	13.17	6.85～18.67	1.42	0.77～2.60	5.82	4.50～10.34	0.45	0.23～1.10
	店上镇	0.92	0.61～1.71	12.29	9.18～19.00	1.48	0.64～4.61	6.10	4.34～20.85	0.41	0.18～0.67
	翟店镇	1.03	0.67～2.10	12.43	7.43～24.67	1.49	0.67～2.80	6.41	4.50～15.00	0.50	0.31～0.84
	辛安泉镇	0.71	0.40～1.87	11.23	6.85～15.34	1.20	0.51～2.50	5.05	3.01～8.34	0.52	0.27～0.93
	成家川街道办事处	1.05	0.67～1.64	16.74	10.34～28.67	0.98	0.49～1.61	8.58	5.34～20.85	0.55	0.38～0.77
	史廻乡	0.76	0.58～1.37	14.46	10.34～23.34	1.22	0.61～2.40	6.92	4.50～14.00	0.54	0.40～0.80
	合室乡	0.89	0.64～1.24	11.58	9.18～22.67	1.30	0.54～3.14	5.83	3.17～15.68	0.48	0.33～0.74
	黄牛蹄乡	1.02	0.64～2.28	11.49	8.60～15.00	1.14	0.67～2.60	6.09	4.17～9.33	0.47	0.35～0.71
土壤类型	潮土	0.89	0.58～2.28	12.30	8.60～17.67	1.25	0.71～3.14	5.80	4.00～8.34	0.50	0.25～0.71
	粗骨土	1.06	0.71～1.54	16.70	11.51～23.34	1.08	0.64～1.81	7.69	5.00～20.85	0.53	0.35～0.74
	褐土	0.9	0.40～2.10	13.66	6.85～30.77	1.29	0.49～4.61	6.80	3.01～25.06	0.49	0.18～1.10
	红黏土	0.91	0.71～1.40	14.28	9.76～24.67	1.63	0.84～4.08	6.56	5.00～10.00	0.47	0.23～0.74
地形部位	低山丘陵坡地	0.88	0.46～1.97	13.07	6.85～28.67	1.29	0.54～4.61	6.41	3.01～20.85	0.49	0.29～0.93
	丘陵低山中、下部及坡麓平坦地	0.93	0.40～2.28	14.18	7.43～30.77	1.30	0.58～4.21	7.06	3.34～25.06	0.49	0.18～0.84
	山地、丘陵（中、下）部的缓坡地段，地面有一定的坡度	0.89	0.44～1.90	13.30	6.85～28.67	1.28	0.49～4.61	6.59	3.17～20.85	0.48	0.23～1.10
土壤母质	洪积物	0.96	0.58～1.77	14.02	8.60～28.00	1.43	0.71～2.80	6.75	4.17～16.67	0.51	0.18～0.84
	黄土状母质（物理黏粒含量>45%）	0.93	0.49～1.97	13.01	8.01～28.67	1.27	0.64～3.54	6.62	3.67～19.33	0.49	0.31～0.93
	黄土母质	0.90	0.40～2.28	13.64	6.85～30.77	1.28	0.49～4.61	6.76	3.01～25.06	0.49	0.23～1.10

（1）不同行政区域：翟店镇平均值最高平均值为1.49毫克/千克；依次是店上镇平均值为1.48毫克/千克，微子镇平均值为1.42毫克/千克，潞华街道办事处平均值为1.36毫克/千克，合室乡平均值为1.3毫克/千克，史廻乡平均值为1.22毫克/千克，辛安泉镇平均值为1.2毫克/千克，黄牛蹄乡平均值为1.14毫克/千克，最低是成家川街道办事处平均值为0.98毫克/千克。

（2）不同地形部位：丘陵低山中、下部及坡麓平坦地平均值最高，平均值为1.3毫克/千克；依次是低山丘陵坡地平均值为1.29毫克/千克；最低是山地、丘陵（中、下）

部的缓坡地段，地面有一定的坡度平均值为 1.28 毫克/千克。

（3）不同母质：洪积物平均值最高，为 1.43 毫克/千克；依次是黄土母质平均值为 1.28 毫克/千克；最低是黄土状母质（物理黏粒含量＞45％），平均值为 1.27 毫克/千克。

（4）不同土壤类型：红黏土平均值最高为 1.63 毫克/千克；依次是褐土平均值为 1.29 毫克/千克，潮土平均值为 1.25 毫克/千克；最低是粗骨土，平均值为 1.08 毫克/千克。

（三）有效锰

潞城市耕地土壤有效锰含量变化为 6.85～30.77 毫克/千克，平均值为 13.62 毫克/千克，属四级水平。见表 3-8。

（1）不同行政区域：潞华街道办事处平均值最高平均值为 21.06 毫克/千克；依次是成家川街道办事处平均值为 16.74 毫克/千克，史迴乡平均值为 14.46 毫克/千克，微子镇平均值为 13.17 毫克/千克，翟店镇平均值为 12.43 毫克/千克，店上镇平均值为 12.29 毫克/千克，合室乡平均值为 11.58 毫克/千克，黄牛蹄乡平均值为 11.49 毫克/千克，最低是辛安泉镇平均值为 11.23 毫克/千克。

（2）不同地形部位：丘陵低山中、下部及坡麓平坦地平均值最高，平均值为 14.18 毫克/千克；依次是山地、丘陵（中、下）部的缓坡地段，地面有一定的坡度平均值为 13.3 毫克/千克；最低是低山丘陵坡地平均值为 13.07 毫克/千克。

（3）不同母质：洪积物平均值最高，为 14.02 毫克/千克；依次是黄土母质平均值为 13.64 毫克/千克；最低是黄土状母质（物理黏粒含量＞45％），平均值为 13.01 毫克/千克。

（4）不同土壤类型：粗骨土平均值最高为 16.7 毫克/千克；依次是红黏土平均值为 14.28 毫克/千克；褐土平均值为 13.66 毫克/千克；最低是潮土，平均值为 12.3 毫克/千克。

（四）有效铁

潞城市耕地土壤有效铁含量变化为 3.01～25.06 毫克/千克，平均值为 6.75 毫克/千克，属四级水平。见表 3-8。

（1）不同行政区域：潞华街道办事处平均值最高平均值为 11.61 毫克/千克，依次是成家川街道办事处平均值为 8.58 毫克/千克，史迴乡平均值为 6.92 毫克/千克，翟店镇平均值为 6.41 毫克/千克，店上镇平均值为 6.1 毫克/千克，黄牛蹄乡平均值为 6.09 毫克/千克，合室乡平均值为 5.83 毫克/千克；微子镇平均值为 5.82 毫克/千克；最低是辛安泉镇平均值为 5.05 毫克/千克。

（2）不同地形部位：丘陵低山中、下部及坡麓平坦地平均值最高，平均值为 7.06 毫克/千克；依次是山地、丘陵（中、下）部的缓坡地段，地面有一定的坡度平均值为 6.59 毫克/千克；最低是低山丘陵坡地平均值为 6.41 毫克/千克。

（3）不同母质：黄土母质平均值最高，为 6.76 毫克/千克；依次是洪积物平均值为 6.75 毫克/千克；最低是黄土状母质（物理黏粒含量＞45％），平均值为 6.62 毫克/千克。

（4）不同土壤类型：粗骨土平均值最高为 7.69 毫克/千克；依次是褐土平均值为 6.8 毫克/千克，红黏土平均值为 6.56 毫克/千克；最低是潮土平均值为 5.8 毫克/千克。

（五）有效硼

潞城市耕地土壤有效硼含量变化为 0.18～1.10 毫克/千克，平均值为 0.49 毫克/千克，属五级水平。见表 3-8。

（1）不同行政区域：成家川街道办事处平均值最高平均值为 0.55 毫克/千克；依次是史廻乡平均值为 0.54 毫克/千克，潞华街道办事处平均值为 0.53 毫克/千克，辛安泉镇平均值为 0.52 毫克/千克，翟店镇平均值为 0.5 毫克/千克，合室乡平均值为 0.48 毫克/千克，黄牛蹄乡平均值为 0.47 毫克/千克，微子镇平均值为 0.45 毫克/千克；最低是店上镇平均值为 0.41 毫克/千克。

（2）不同地形部位：丘陵低山中、下部及坡麓平坦地平均值最高，平均值为 0.49 毫克/千克；依次是低山丘陵坡地平均值为 0.49 毫克/千克；最低是山地、丘陵（中、下）部的缓坡地段，地面有一定的坡度平均值为 0.48 毫克/千克。

（3）不同母质：洪积物平均值最高，为 0.51 毫克/千克；依次是黄土母质平均值为 0.49 毫克/千克；最低是黄土状母质（物理黏粒含量＞45％），平均值为 0.49 毫克/千克。

（4）不同土壤类型：粗骨土平均值最高为 0.53 毫克/千克；依次是潮土平均值为 0.5 毫克/千克，褐土平均值为 0.49 毫克/千克；最低是红黏土平均值为 0.47 毫克/千克。

二、分级论述

（一）有效铜

Ⅰ级　有效铜含量为大于 2.00 毫克/千克，面积为 272.32 亩，占总耕地面积的 0.09％。主要分布在翟店镇。主要作物为小麦、玉米、蔬菜、果树等。

Ⅱ级　有效铜含量为 1.51～2.00 毫克/千克，面积为 4 737.53 亩，占总耕地面积的 1.53％。主要分布在翟店镇。主要作物有小麦、玉米、棉花、蔬菜、果树、葡萄、桃等。

Ⅲ级　有效铜含量为 1.01～1.51 毫克/千克，面积为 82 410.80 亩，占总耕地面积的 26.6％。主要分布在潞华街道办事处、店上镇、翟店镇、辛安泉镇、成家川街道办事处、合室乡、黄牛蹄乡。主要作物有小麦、玉米、棉花、蔬菜、果树、葡萄、桃等。

Ⅳ级　有效铜含量为 0.51～1.01 毫克/千克，面积为 222 117.51 亩，占总耕地面积的 77.64％。主要分布在潞华街道办事处、微子镇、店上镇、翟店镇、辛安泉镇、成家川街道办事处、史廻乡、合室乡、黄牛蹄乡。主要作物有小麦、玉米、棉花、中药材、果树、桃等。

Ⅴ级　有效铜含量为 0.21～0.51 毫克/千克，面积为 519.46 亩，占总耕地面积的 0.17％。主要分布在辛安泉镇。主要作物有小麦、玉米、棉花、中药材、果树、桃等。

Ⅵ级　全市无分布。

（二）有效锰

Ⅰ级　有效锰含量为大于 30.00 毫克/千克，面积为 140.00 亩，占总耕地面积的 0.05％。主要分布在潞华街道办事处。主要作物为小麦、玉米、棉花、蔬菜、葡萄和果树等。

Ⅱ级　有效锰含量为 20.01～30.00 毫克/千克，面积为 23 707.24 亩，占总耕地面积的 7.65%。主要分布在潞华街道办事处、成家川街道办事处。主要作物为小麦、玉米、棉花、蔬菜、葡萄和果树等。

Ⅲ级 有效锰含量为 15.01～20.01 毫克/千克，面积为 59 664.61 亩，占总耕地面积的 19.24%。主要分布在潞华街道办事处、微子镇、店上镇、翟店镇、成家川街道办事处、史廻乡、合室乡。主要作物为小麦、玉米、棉花、蔬菜、葡萄和果树等。

Ⅳ级 有效锰含量为 5.01～15.01 毫克/千克，面积为 226 545.77 亩，占总耕地面积的 73.06%。主要分布在潞华街道办事处、微子镇、店上镇、翟店镇、辛安泉镇、成家川街道办事处、史廻乡、合室乡、黄牛蹄乡。主要作物为小麦、玉米、棉花、蔬菜、葡萄和果树等。

Ⅴ级 全市无分布。

Ⅵ级 全市无分布。

（三）有效锌

Ⅰ级 有效锌含量为大于 3.00 毫克/千克，面积为 637.5 亩，占总耕地面积的 0.21%。主要分布在店上镇。作物有小麦、玉米、棉花、中药材、果树和桃等。

Ⅱ级 有效锌含量为 1.51～3.00 毫克/千克，面积为 79 545.08 亩，占总耕地面积的 25.65%。主要分布在潞华街道办事处、微子镇、店上镇、翟店镇、辛安泉镇、成家川街道办事处、史廻乡、合室乡、黄牛蹄乡。作物有小麦、玉米、棉花、中药材、果树和桃等。

Ⅲ级 有效锌含量为 1.01～1.51 毫克/千克，面积为 171 497.14 亩，占总耕地面积的 55.31%。主要分布在潞华街道办事处、微子镇、店上镇、翟店镇、辛安泉镇、成家川街道办事处、史廻乡、合室乡、黄牛蹄乡。主要作物有小麦、玉米、棉花、蔬菜、果树、桃等。

Ⅳ级 有效锌含量为 0.51～1.01 毫克/千克，面积为 58 293.34 亩，占总耕地面积的 18.80%。主要分布在微子镇、店上镇、翟店镇、辛安泉镇、成家川街道办事处、史廻乡、合室乡、黄牛蹄乡。作物有小麦、玉米、蔬菜、果树等。

Ⅴ级 有效锌含量为 0.31～0.51 毫克/千克，面积为 84.56 亩，占总耕地面积的 0.03%。主要分布在辛安泉镇、成家川办事处。主要作物有小麦、玉米、棉花果树、桃、葡萄等。

Ⅵ级 全市无分布。

（四）有效铁

Ⅰ级 有效铁含量为大于 20.00 毫克/千克，面积为 810.02 亩，占总耕地面积的 0.26%。主要分布在潞华办事处。作物为小麦、玉米、果树等。

Ⅱ级 有效铁含量为 15.01～20.00 毫克/千克，面积为 4 977.66 亩，占总耕地面积的 1.61%。主要分布在潞华办事处、店上镇。作物为小麦、玉米、果树等。

Ⅲ级 有效铁含量为 10.01～15.01 毫克/千克，面积为 22 337.87 亩，占总耕地面积的 7.20%。主要分布在潞华街道办事处、翟店镇、成家川街道办事处。作物为小麦、玉米、果树等。

Ⅳ级 有效铁含量为 5.01～10.01 毫克/千克，面积为 240 063.78 亩，占总耕地面积的 77.41%。主要分布在潞华街道办事处、微子镇、店上镇、翟店镇、辛安泉镇、成家川街道办事处、史廻乡、合室乡、黄牛蹄乡。作物为小麦、玉米、棉花、蔬菜、果树等。

Ⅴ级　有效铁含量为 2.51～5.01 毫克/千克，面积为 41 868.29 亩，占总耕地面积的 13.5%。主要分布在微子镇、店上镇、翟店镇、辛安泉镇、合室乡、黄牛蹄乡。作物有小麦、玉米、蔬菜、果树、桃等。

Ⅵ级　全市无分布。

（五）有效硼

Ⅰ级　全市无分布。

Ⅱ级　全市无分布。

Ⅲ级　有效硼含量为 1.01～1.51 毫克/千克，面积为 49.35 亩，占总耕地面积的 0.02%。主要分布在微子镇。作物有小麦、玉米、蔬菜、中药材、果树等。

Ⅳ级　有效硼含量为 0.51～1.01 毫克/千克，面积为 118 755.31 亩，占总耕地面积的 38.30%。主要分布在潞华街道办事处、微子镇、店上镇、翟店镇、辛安泉镇、成家川街道办事处、史廻乡、合室乡、黄牛蹄乡。作物有小麦、玉米、蔬菜、中药材、果树等。

Ⅴ级　有效硼含量为 0.21～0.51 毫克/千克，面积为 191 174.96 亩，占总耕地面积的 61.66%。主要分布在潞华街道办事处、微子镇、店上镇、翟店镇、辛安泉镇、成家川街道办事处、史廻乡、合室乡、黄牛蹄乡。作物有小麦、玉米、棉花、果树、桃、葡萄等。

Ⅵ级　有效硼含量为小于等于 0.21 毫克/千克，面积为 78 亩，占总耕地面积的 0.03%。主要分布在店上镇。

潞城市耕地土壤微量元素分级面积见表 3-9。

表 3-9　潞城市耕地土壤微量元素分级面积

单位：万亩

类　别		Ⅰ		Ⅱ		Ⅲ		Ⅳ		Ⅴ		Ⅵ	
		百分比（%）	面　积	百分比（%）	面　积	百分比（%）	面　积	百分比（%）	面　积	百分比（%）	面　积	百分比（%）	面　积
耕地土壤	有效铜	0.09	0.03	1.53	0.47	26.6	8.24	77.64	22.20	0.17	0.05	0	0
	有效锌	0.21	0.06	25.65	7.95	55.31	17.15	18.80	5.83	0.03	0.008	0	0
	有效铁	0.26	0.08	1.61	0.50	7.20	2.23	77.41	24.01	13.50	4.19	0	0
	有效锰	0.05	0.014	7.65	2.37	19.24	5.97	73.061	22.65	0	0	0	0
	有效硼	0	0	0	0	0.02	0.005	38.30	11.88	61.66	19.12	0.03	0.008

第五节　其他理化性状

一、土壤 pH

潞城市耕地土壤 pH 含量变化为 7.77～8.28，平均值为 8.06。

（1）不同行政区域：黄牛蹄乡平均值为 8.16；依次是辛安泉镇平均值为 8.11，史廻乡平均值为 8.10，合室乡平均值为 8.09，成家川街道办事处平均值为 8.08，潞华街道办事处平均值为 8.06，店上镇平均值为 8.03，微子镇平均值为 8.0，最低是翟店镇平均值为 7.97。

（2）不同地形部位：低山丘陵坡地平均值最高为 8.08；依次是山地、丘陵（中、下）部的缓坡地段，地面有一定的坡度平均值为 8.07；最低是丘陵低山中、下部及坡麓平坦地平均值为 8.05。

（3）不同母质：黄土状母质（物理黏粒含量＞45％）最高，平均值为 8.08；其次是黄土母质平均值为 8.07；最低是洪积物，平均值为 8.02。

（4）不同土壤类型：潮土平均值最高为 8.09；依次是粗骨土平均值为 8.08，褐土平均值为 8.06；最低是红黏土，平均值为 8.05。

潞城市耕地土壤 pH 平均值分类统计见表 3 - 10。

表 3 - 10   潞城市耕地土壤 pH 平均分类统计结果

类　　别		pH	
		平均值	区域值
行政区域	潞华街道办事处	8.06	7.89～8.16
	微子镇	8.00	7.77～8.24
	店上镇	8.03	7.81～8.24
	翟店镇	7.97	7.77～8.13
	辛安泉镇	8.11	7.85～8.28
	成家川街道办事处	8.08	7.85～8.20
	史廻乡	8.10	7.89～8.28
	合室乡	8.09	7.89～8.24
	黄牛蹄乡	8.16	7.89～8.28
土壤类型	潮　土	8.09	7.85～8.24
	粗骨土	8.08	7.97～8.16
	褐　土	8.06	7.77～8.28
	红黏土	8.05	7.89～8.16
地形部位	低山丘陵坡地	8.08	7.81～8.28
	丘陵低山中、下部及坡麓平坦地	8.05	7.77～8.28
	山地、丘陵（中、下）部的缓坡地段，地面有一定的坡度	8.07	7.77～8.28
土壤母质	洪积物	8.02	7.81～8.28
	黄土状母质（物理黏粒含量＞45％）	8.08	7.81～8.28
	黄土母质	8.07	7.77～8.28

二、耕层质地

土壤粗细不同矿物颗粒的比例组合即土壤质地，也叫土壤的机械组成。它是反映土壤物理特征的一个综合性状。这次土壤普查是以卡庆斯基质地分级标准和群众经验结合测定的，以物理性沙粒和物理性黏粒的比例划分 6 级，即沙壤、沙土、轻壤、中壤、重壤、黏土。

这次土壤普查根据上述土壤质地标准，在潞城市的土壤质地主要决定于成土母质及发育程度。一般情况是发育于黄土及黄土状母质上的土壤，多为轻壤—中壤，发育了红黄土母质上的多为重壤—黏土，（黏土一般出现于心土层或底土层）。发育在冲积、洪积、淤积物母质上的土壤，差异较大，由沙壤—重壤，它受河流各次流速与分选结果而定，故变化较大。

潞城市土壤质地的概况是：中壤＞轻壤＞重壤＞沙壤。本市土坡质地普遍偏重，从耕作肥力等角度来看，＜0.01 毫米土壤物理性黏粒为 25%～35% 为宜。本市耕层土壤质地50% 以上为沙壤土、壤土，见表 3-11。

表 3-11 潞城市土壤耕层质地概况

质地类型	耕种土壤（亩）	占耕种土壤（%）
沙壤土	145 459.88	46.91
轻 壤	164 597.74	53.09
合 计	310 057.62	100

从表 3-11 可知，潞城市均为壤土，大小孔隙比例适当，通透性好，保水保肥，养分含量丰富，有机质分解快，供肥性好；耕作方便，通耕期早，耕作质量好，发小苗亦发老苗。因此，一般壤质土，水、肥、气、热比较协调，从质地上看，是农业上较为理想的土壤。

沙壤土占潞城市总耕地面积的 46.91%，其物理性沙粒高达 80% 以上；土质较沙，疏松易耕，粒间孔隙度大，通透性好；但保水保肥性能差，抗旱力弱，供肥性差，前劲强后劲弱，发小苗不发老苗。

三、土体构型

土体构型是指整个土体中土壤层次的排列组合关系，它对土壤中各个肥力因素起制约和调节的作用。

潞城市土壤的土体质地构型，一般是上轻下枯型。但由于土壤母质的不同，造成质地构型的不同，红黏土母质的土壤，表层因受耕作施肥的影响，活土层为重壤，深度一般20～25 厘米，其余都是死红黏土，土壤较紧实，作物根系不易下扎；红黄土质地为中壤，心土层以下，质地为重壤或中壤，除犁底层外一般没有不良的层次，发育于黄土母质的表土多为轻壤，下层为中壤，上下质地相差不大，适宜各种作物，是较理想的土质构型；其他浊漳河两岸的漏水漏肥夹层型等面积较少，不利水、肥、气、热在土体中上下正常运行，也不利于各种作物的生长发育。

四、土壤结构

构成土壤骨架的矿物质颗粒，在土壤中并非彼此孤立、毫无相关的堆积在一起，而往往是受各种作用胶结成形状不同、大小不等的团聚体。各种团聚体和单粒在土壤中的排列方式称为土壤结构。

土壤结构是土体构造的一个重要形态特征。它关系着土壤水、肥、气、热状况的协调，土壤微生物的活动、土壤耕性和作物根系的伸展，是影响土壤肥力的重要因素。

潞城市山地土壤由于有机质含量高，主要为团粒结构，粒径为 0.25～10 毫米，由腐殖质为成型动力胶结而成。团粒结构是良好的土壤结构类型，可协调土壤的水、肥、气、热状况。

潞城市耕作土壤的有机质含量较少，土壤结构主要以土壤中碳酸钙胶结为主，水稳性团粒结构一般为 20%～40%。

潞城市土壤的不良结构主要有：

1. 板结 潞城市耕作土壤灌水或降雨后表层板结现象较普遍，板结形成的原因是细黏粒含量较高，有机质含量少所致。板结是土壤不良结构的表现，它可加速土壤水分蒸发、土壤紧实，影响幼苗出土生长以及土壤的通气性能。改良办法应增加土壤有机质，雨后或浇灌后及时中耕破板，以利土壤疏松通气。

2. 坷垃 坷垃是在质地黏重的土壤上易产生的不良结构。坷垃多时，由于相互支撑，增大孔隙透风跑墒，促进土壤蒸发，并影响播种质量，造成露籽或压苗，或形成吊根，妨碍根系穿插。改良办法首先大量施用有机肥料和掺杂沙改良黏重土壤，其次应掌握宜耕期，及时进行耕耙，使其粉碎。

土壤结构是影响土壤孔隙状况、容重、持水能力、土壤养分等的重要因素。因此，创造和改善良好的土壤结构是农业生产上夺取高产稳产的重要措施。

五、土壤孔隙状况

土壤是多孔体，土粒、土壤团聚体之间以及团聚体内部均有孔隙。单位体积土壤孔隙所占的百分数，称土壤孔隙度，也称总孔隙度。

土壤孔隙的数量、大小、形状很不相同，它是土壤水分与空气的通道和贮存所，它密切影响着土壤中水、肥、气、热等因素的变化与供应情况。因此，了解土壤孔隙大小、分布、数量和质量，在农业生产上有非常重要的意义。

土壤孔隙度的状况取决于土壤质地、结构、土壤有机质、土粒排列方式及人为因素等。黏土孔隙多而小，通透性差；沙质土孔隙少而粒间孔隙大，通透性强；壤土则孔隙大小比例适中。土壤孔隙可分 3 种类型：

1. 无效孔隙 孔隙直径小于 0.001 毫米，作物根毛难于伸入，为土壤结合水充满，孔隙中水分被土粒强烈吸附，故不能被植物吸收利用，水分不能运动也不通气，对作物来说是无效孔隙。

2. 毛管孔隙 孔隙直径为 0.001～0.1 毫米，具有毛管作用，水分可借毛管弯月面力保持贮存在内，并靠毛管引力向上下左右移动，对作物是最有效水分。

3. 非毛细管孔隙 即孔隙直径大于 0.1 毫米的大孔隙，不具毛管作用，不保持水分，为通气孔隙，直接影响土壤通气、透水和排水的能力。

土壤孔隙一般为 30%～60%，对农业生产来说，土壤孔隙以稍大于 50% 为好，要求无效孔隙尽量低些。非毛管孔隙应保持为 10% 以上，若小于 5% 则通气、渗水性能不良。

根据土壤容重还可判断土壤的质地，计算土壤总孔隙度，并可求出 1 亩地、一定深度的土壤重量，以及一定的土壤养分含量，求得 1 亩地养分含量的千克数。本市表层土壤容重最高 1.389 克/立方厘米（黄垆土），最低 1.059 克/立方厘米（浅色草甸土），本市耕层土壤总孔隙一般为 48%～60%。因此，潞城市土壤孔隙较好，土壤通气较好。

第六节 耕地土壤属性综述与养分动态变化

一、耕地土壤属性综述

潞城市 4 680 个样点测定结果表明，耕地土壤有机质平均含量为 17.81±2.70 克/千克，全氮平均含量为 0.92±0.17 克/千克，有效磷平均含量为 9.49±3.44 毫克/千克，速效钾平均含量为 173.62±17.40 毫克/千克，缓效钾平均含量为 1 013.93±86.43 毫克/千克，有效铁平均含量为 6.75±2.38 毫克/千克，有效锰平均值为 13.62±3.48 毫克/千克，有效铜平均含量为 0.90±0.19 毫克/千克，有效锌平均含量为 1.29±0.36 毫克/千克，有效硼平均含量为 0.49±0.09 毫克/千克，有效硫平均含量为 43.68±17.68 毫克/千克，pH 平均值为 8.06±0.09。见表 3 - 12。

表 3 - 12 潞城市耕地土壤属性总体统计结果

项目名称	点位数（个）	平均值	最大值	最小值	标准差	变异系数（%）
有机质（克/千克）	11 771	17.81	28.27	8.31	2.70	15.16
全氮（克/千克）	11 771	0.92	1.63	0.60	0.17	18.17
有效磷（毫克/千克）	11 771	9.49	28.49	2.51	3.44	36.30
速效钾（毫克/千克）	11 771	173.62	287.44	97.69	17.40	10.02
缓效钾（毫克/千克）	11 771	1 013.93	1 509.53	578.33	86.43	8.52
有效铁（毫克/千克）	11 771	6.75	25.06	3.01	2.38	35.31
有效锰（毫克/千克）	11 771	13.62	30.77	6.85	3.48	25.57
有效铜（毫克/千克）	11 771	0.90	2.28	0.40	0.19	20.66
有效锌（毫克/千克）	11 771	1.29	4.61	0.49	0.36	27.79
有效硼（毫克/千克）	11 771	0.49	1.10	0.18	0.09	17.98
有效硫（毫克/千克）	11 771	43.68	130.83	12.96	17.68	40.47
pH	11 771	8.06	8.28	7.77	0.09	1.08

二、有机质及大量元素的演变

随着农业生产的发展及施肥、耕作经营管理水平的变化，耕地土壤有机质及大量元素也随之变化。与1984年全国第二次土壤普查时的耕层养分测定结果相比，23年间，土壤速效钾增加较快，有机质、全氮、有效磷在不同土类上，表现不同：粗骨土中有机质、全氮减少，是因为耕作导致有机质分解加速，而有机质的减少，又导致全氮减少。石灰性褐土，有机质的减少是由于碳酸盐集聚，导致生物产量减少，同时植物向土壤归还养分不足。详见表3-13。

表3-13 潞城市耕地土壤养分动态变化

项　目		土壤类型（亚类）				
		潮　土	粗骨土	褐土性土	红黏土	石灰性褐土
有机质 （克/千克）	第二次土壤普查	10.60	45.20	12.90	10.80	19.60
	大田　本次调查	18.54	17.84	17.85	18.38	17.33
	增	7.94	−27.36	4.95	7.58	−2.27
全　氮 （克/千克）	第二次土壤普查	0.20	2.69	0.74	0.60	0.90
	大田　本次调查	0.95	0.99	0.90	1.11	0.99
	增	0.75	−1.70	0.16	0.51	0.09
有效磷 （毫克/千克）	第二次土壤普查	2.00	—	12.00	2.00	4.00
	大田　本次调查	8.14	11.91	9.36	8.11	10.53
	增	6.14	—	−2.64	6.11	6.53
速效钾 （毫克/千克）	第二次土壤普查	44.00	90.00	86.00	75.00	82.00
	大田　本次调查	174.79	165.66	173.42	175.77	174.56
	增	130.79	75.66	87.42	100.77	92.56

第四章　耕地地力评价

第一节　耕地地力分级

一、面积统计

潞城市耕地面积 310 057.62 亩，其中旱地 295 354.15 亩，占耕地面积的 95.27%；水浇地 14 703.47 亩，占耕地面积的 4.73%。按照《全国耕地类型区、耕地地力等级划分》（NY/T 309—1996）标准，通过对 11 771 个评价单元 *IFI* 值的计算，对照分级标准，确定每个评价单元的地力等级，汇总结果见表 4-1。

表 4-1　潞城市耕地地力统计表

等　级	面积（亩）	所占比重（%）
1	67 669.69	21.83
2	89 214.80	28.77
3	63 028.93	20.33
4	63 693.15	20.54
5	26 451.05	8.53
合　计	310 057.62	100

二、地域分布

一级、二级耕地主要分布在翟店镇、潞华街道办事处、史廻乡，面积相对较少，三级四级、五极分布在分布在潞城市东部和北部

第二节　耕地地力等级分布

潞城市耕地地力等级标准见表 4-2，潞城市耕地地力等级标准与国家耕地地力等级标准关系见表 4-3。

表 4-2　潞城市耕地地力等级标准（地方）

等　级	生产能力综合指数	面　积（亩）
一	0.69～0.91	67 669
二	0.64～0.69	89 214
三	0.57～0.64	63 028
四	0.45～0.57	63 693
五	0.30～0.45	26 451

表 4-3　潞城市耕地地力等级标准与国家耕地地力等级标准关系

等　级	国家地力等级	面积（亩）	占面积（%）
1	3	10 274.83	3.31
	4	51 273.25	16.54
	5	6 121.61	1.97
2	5	89 214.8	28.77
3	5	36 184.07	11.67
	6	26 844.86	8.66
4	6	50 640.41	16.33
	7	13 052.74	4.21
5	7	17 901.32	5.77
	8	8 549.73	2.76

一、一 级 地

（一）面积和分布

本级耕地主要分布在成家川街道办事处、店上镇、合室乡、黄牛蹄乡、潞华街道办事处、史廻乡、微子镇、辛安泉镇、翟店镇。面积为 67 669.69 亩，占本市总耕地面积的 21.83%。

（二）主要属性分析

潞城市一级、主要分布在翟店镇、潞华街道办事处、史廻乡。位于潞城市的交通要道 309 国道沿线，土地平坦，土壤包括潮土、粗骨土、褐土、红黏土；成土母质主要为洪积物、黄土母质，地面坡度为 2°～5°；耕层质地主要为沙壤土、轻壤土，耕层厚度平均值为 21 厘米；pH 的变化范围为 7.81～8.28，平均值为 8.02；无侵蚀，保水，地下水位浅且水质良好，灌溉保证率为 0%，地面平坦，园田化水平高。

本级耕地土壤有机质平均含量 18.11 克/千克；有效磷平均含量为 11.50 毫克/千克，速效钾平均含量为 178.37 毫克/千克，全氮平均含量为 1.01 克/千克。详见表 4-4。

表 4-4　一级地土壤养分统计

单位：克/千克、毫克/千克

项　目	平均值	最大值	最小值	标准差	变异系数
有机质	18.11	26.64	9.30	2.61	0.14
全　氮	1.01	1.50	0.63	0.20	0.20
有效磷	11.50	28.49	3.55	4.12	0.36
速效钾	178.37	243.47	123.87	17.60	0.10
缓效钾	1 017.86	1 329.55	800.30	75.74	0.07
pH	8.02	8.28	7.81	0.10	0.01
有效硫	47.92	114.07	15.54	15.80	0.33
有效锰	13.46	28.00	7.43	3.62	0.27

（续）

项　目	平均值	最大值	最小值	标准差	变异系数
有效硼	0.50	0.84	0.18	0.08	0.17
有效铜	0.93	1.84	0.49	0.21	0.23
有效锌	1.38	2.80	0.71	0.33	0.24
有效铁	6.67	20.85	3.34	2.49	0.37

该级耕地农作物生产历来水平较高，从农户调查表来看，玉米亩产 550 千克，效益显著，是潞城市粮食生产基地。

（三）主要存在问题

一是土壤肥力与高产高效的需求仍不适应；二是部分区域地下水资源贫乏，水位持续下降，更新深井，加大了生产成本。多年种菜的部分地块，化肥施用量不断提升，有机肥施用不足，引起土壤板结，土壤团粒结构分配不合理。影响土壤环境质量的障碍因素是城郊的极个别菜地污染。尽管国家有一系列的种粮政策，但最近几年农资价格的飞速猛涨，农民的种粮积极性严重受挫，对土壤进行粗放式管理。

（四）合理利用

本级耕地在利用上应从主攻优质玉米，大力发展设施农业，加快蔬菜生产发展。突出区域特色经济作物如葡萄等产业的开发，复种作物重点发展玉米、大豆间套。

二、二 级 地

（一）面积与分布

主要分布在成家川街道办事处、店上镇、合室乡、黄牛蹄乡、潞华街道办事处、史廻乡、微子镇、辛安泉镇、翟店镇。面积为 89 214.8 亩，占总耕地面积的 28.77%。

（二）主要属性分析

本级耕地包括潮土、粗骨土、褐土、红黏土 4 个土类，成土母质为洪积物、黄土母质；地面平坦，坡度小于 2°～8°；耕层质地主要为沙壤土、轻壤土，园田化水平低。耕层厚度平均为 16 厘米，本级土壤 pH 为 7.81～8.28，平均值为 8.06。

本级耕地土壤有机质平均含量 17.91 克/千克；有效磷平均含量为 9.46 毫克/千克；速效钾平均含量为 173.30 毫克/千克；全氮平均含量为 0.95 克/千克。详见表 4-5。

表 4-5　二级地土壤养分统计

单位：克/千克、毫克/千克

项　目	平均值	最大值	最小值	标准差	变异系数
有机质	17.91	28.27	9.63	2.97	0.17
全　氮	0.95	1.63	0.60	0.16	0.17
有效磷	9.46	23.07	2.93	2.42	0.26
速效钾	173.30	287.44	114.07	17.54	0.10

（续）

项　目	平均值	最大值	最小值	标准差	变异系数
缓效钾	1 001.06	1 329.55	780.37	80.88	0.08
pH	8.06	8.28	7.81	0.08	0.01
有效硫	49.47	105.69	15.54	18.44	0.37
有效锰	14.92	30.77	8.01	4.26	0.29
有效硼	0.50	0.80	0.23	0.10	0.19
有效铜	0.95	2.28	0.40	0.19	0.20
有效锌	1.28	4.21	0.58	0.34	0.27
有效铁	7.47	25.06	3.84	2.95	0.40

本级耕地所在区域，为深井灌溉区，是潞城市的主要粮、棉、瓜、果、菜区，瓜、果、菜地的经济效益较高，棉花生产水平较高，粮食生产处于本市上游水平，小麦、玉米两茬近 3 年平均亩产 680 千克，是潞城市重要的粮、棉、菜、果商品生产基地。

（三）主要存在问题

盲目施肥现象严重，有机肥施用量少，由于产量高造成土壤肥力下降，农产品品质降低。

（四）合理利用

应"用养结合"，培肥地力为主，一是合理布局，实行轮作，倒茬，尽可能做到须根与直根、深根与浅根、豆科与禾本科、夏作与秋作、高秆与矮秆作物轮作，使养分调剂，余缺互补；二是推广小麦、玉米秸秆两茬还田，提高土壤有机质含量；三是推广测土配方施肥技术，建设高标准农田。

三、三 级 地

（一）面积与分布

主要分布在成家川街道办事处、店上镇、合室乡、黄牛蹄乡、潞华街道办事处、史廻乡、微子镇、辛安泉镇、翟店镇。面积为 63 028.93 亩，占总耕地面积的 20.33%。

（二）主要属性分析

本级耕地自然条件较好，地势平坦。耕地包括潮土、粗骨土、褐土、红黏土 4 个土类，成土母质为黄土母质，耕层厚度为 23 厘米。地面基本平坦，坡度 5°～8°，耕层质地主要为沙壤土、轻壤土，园田化水平较低。本级的 pH 变化范围为 7.77～8.28，平均值为 8.04。

本级耕地土壤有机质平均含量 18.26 克/千克，有效磷平均含量为 8.26 毫克/千克；速效钾平均含量为 169.96 毫克/千克；全氮平均含量为 0.93 克/千克。详见表 4-6。

本级所在区域，粮食生产水平较高，据调查统计，小麦平均亩产 200 千克，复播玉米或杂粮平均亩产 300 千克以上，棉花平均亩产皮棉 100 千克左右，效益较好。

表 4-6 三级地土壤养分统计

单位：克/千克、毫克/千克

项　目	平均值	最大值	最小值	标准差	变异系数
有机质	18.26	26.31	8.97	2.78	0.15
全　氮	0.93	1.59	0.63	0.16	0.18
有效磷	8.26	26.23	2.51	3.56	0.43
速效钾	169.96	287.44	107.53	16.99	0.10
缓效钾	1 011.83	1 509.53	760.44	89.97	0.09
pH	8.04	8.28	7.77	0.09	0.01
有效硫	39.48	130.83	12.96	17.68	0.45
有效锰	13.28	27.34	6.85	2.72	0.20
有效硼	0.47	1.10	0.23	0.10	0.21
有效铜	0.84	1.87	0.44	0.16	0.19
有效锌	1.30	3.14	0.61	0.31	0.24
有效铁	6.15	14.33	3.17	1.38	0.23

（三）主要存在问题

本级耕地的微量元素硼、铁等含量偏低。

（四）合理利用

科学种田：本区农业生产水平属中上，粮食产量高，棉花产量较高；就土壤、水利条件而言，并没有充分显示出高产性能。因此，应采用先进的栽培技术，如选用优种、科学管理、平衡施肥等，施肥上，应多喷一些硫酸铁、硼砂、硫酸锌等，充分发挥土壤的丰产性能，夺取各种作物高产。

作物布局：本区今后应在种植业发展方向上主攻优质小麦生产的同时，抓好无公害果树的生产。麦后复播田应以玉米、豆类作物为主，复种指数控制为40％左右。

四、四 级 地

（一）面积与分布

主要分布在成家川街道办事处、店上镇、合室乡、黄牛蹄乡、潞华街道办事处、史廻乡、微子镇、辛安泉镇、翟店镇。面积为63 693.15亩，占总耕地面积的20.54％。

（二）主要属性分析

该土地分布范围较大，土壤类型包括潮土、粗骨土、褐土、红黏土，成土母质主要有黄土母质，耕层厚度平均为17厘米。地面基本平坦，坡度8°，耕层质地主要为沙壤土、轻壤土，园田化水平较低。本级土壤pH为7.85～8.28之间，平均为8.09。

本级耕地土壤有机质平均含量17.39克/千克；全氮平均含量为0.89克/千克；有效磷平均含量为9.39毫克/千克；速效钾平均含量为172.75毫克/千克；有效铜平均含量为0.92毫克/千克；有效锰平均含量为13.38毫克/千克，有效锌平均含量为1.24毫克/千克；有效铁平均含量为 6.91 毫克/千克；有效硼平均含量为 0.49 毫克/千克；有效硫平均含量为 43.36 毫克/千克。详见表 4-7

表 4-7 四级地土壤养分统计

单位：克/千克、毫克/千克

项　目	平均值	最大值	最小值	标准差	变异系数
有机质	17.39	25.66	8.31	2.66	0.15
全　氮	0.89	1.55	0.60	0.15	0.17
有效磷	9.39	22.08	2.51	3.23	0.34
速效钾	172.75	246.74	97.69	18.05	0.10
缓效钾	1 005.76	1 329.55	680.72	89.21	0.09
pH	8.09	8.28	7.85	0.08	0.01
有效硫	43.36	105.69	12.96	17.16	0.40
有效锰	13.38	28.67	6.85	3.28	0.25
有效硼	0.49	0.77	0.27	0.08	0.16
有效铜	0.92	1.90	0.54	0.18	0.20
有效锌	1.24	4.61	0.49	0.40	0.32
有效铁	6.91	20.85	3.34	2.46	0.36

主要种植作物以小麦、杂粮为主，小麦平均亩产量为 180 千克，杂粮平均亩产 100 千克以上，均处于潞城市的中等偏低水平。

（三）主要存在问题

一是灌溉条件较差，干旱较为严重；二是本级耕地的中量元素镁、硫偏低，微量元素的硼、铁、锌偏低，今后在施肥时应合理补充。

（四）合理利用

平衡施肥。中产田的养分失调，大大地限制了作物增产。因此，要在不同区域的中产田上，大力推广平衡施肥技术，进一步提高耕地的增产潜力。

五、五 级 地

（一）面积与分布

主要分布在成家川街道办事处、店上镇、合室乡、黄牛蹄乡、潞华街道办事处、史廻乡、微子镇、辛安泉镇、翟店镇。面积为 26 451.05 亩，占总耕面积的 8.53%。

（二）主要属性分析

该区域为丘陵和倾斜平原区，土壤主要为潮土、粗骨土、褐土、红黏土。成土母质主要黄土状母质（物理黏粒含量＞30%）、黄土母质，耕层厚度为 21 厘米。地面坡度 2°～25°，耕层质地主要为沙壤土、轻壤土，pH 为 7.81～8.28，平均值为 8.08。

本级耕地土壤有机质平均含量为 17.66 克/千克，有效磷平均含量为 9.30 毫克/千克，速效钾平均含量为 174.86 毫克/千克；全氮平均含量为 0.87 克/千克。详见表 4-8。

表 4 - 8　五级地土壤养分统计

单位：克/千克、毫克/千克

项　目	平均值	最大值	最小值	标准差	变异系数
有机质	17.66	25.66	8.64	2.36	0.13
全　氮	0.87	1.48	0.61	0.14	0.16
有效磷	9.30	26.23	2.51	3.37	0.36
速效钾	174.86	227.14	120.60	15.77	0.09
缓效钾	1 035.21	1 355.26	578.33	87.80	0.08
pH	8.08	8.28	7.81	0.08	0.01
有效硫	39.17	111.27	12.96	16.46	0.42
有效锰	13.07	28.67	6.85	3.04	0.23
有效硼	0.49	0.93	0.29	0.08	0.16
有效铜	0.88	1.97	0.46	0.17	0.19
有效锌	1.29	4.61	0.54	0.36	0.28
有效铁	6.41	20.85	3.01	2.03	0.32

种植作物以小麦、杂粮为主，据调查统计，小麦平均亩产 150 千克，杂粮平均亩产 80 千克以上，效益较好。

（三）主要存在问题

耕地土壤养分中量，微量元素为中等偏下，地下水位较深，浇水困难。

（四）合理利用

改良土壤，主要措施是除增施有机肥、秸秆还田外，还应种植苜蓿、豆类等养地作物，通过轮作倒茬，改善土壤理化性质；在施肥上除增加农家肥施用量外，应多施氮肥，平衡施肥，搞好土壤肥力协调，丘陵区整修梯田，培肥地力，防蚀保土，建设高产基本农田。

潞城市耕地地力评价因素情况见表 4 - 9。

表 4 - 9　不同乡（镇）不同等级耕地数量统计

乡（镇）	一　级		二　级		三　级		四　级		五　级		合　计
	面　积（亩）	百分比（%）	面　积（亩）	百分比（%）	面　积（亩）	百分比（%）	面　积（亩）	百分比（%）	面　积（亩）	百分比（%）	（亩）
潞华街道办事处	5 655.89	19.85	14 520.52	50.95	4 231.98	14.85	3 733.47	13.10	356.66	1.25	28 498.52
微子镇	10 777.17	27.34	64.09	0.16	20 763.91	52.67	480.34	1.22	7 336.86	18.61	39 422.37
店上镇	1 009.20	2.09	19 549.58	40.44	17 316.59	35.82	9 717.63	20.10	748.04	1.55	48 341.04
翟店镇	27 873.73	72.14	9 363.08	24.23	589.73	1.53	807.18	2.09	6.37	0.02	38 640.09
辛安泉镇	10 778.99	33.34	2 311.04	7.15	6 375.88	19.72	7 059.53	21.84	5 804.18	17.95	32 329.62
成家川街道办事处	4 378.02	12.50	12 175.58	34.77	5 018.10	14.33	11 052.96	31.56	2 394.51	6.84	35 019.17
史廻乡	3 358.66	11.28	15 935.71	53.52	6 008.76	20.18	3 797.00	12.75	673.85	2.26	29 773.98
合室乡	2 842.66	10.04	7 639.85	26.98	418.37	1.48	12 134.83	42.85	5 284.17	18.66	28 319.88
黄牛蹄乡	995.37	3.35	7 655.35	25.76	2 305.61	7.76	14 910.21	50.18	3 846.41	12.95	29 712.95
合　计	67 669.69	—	89 214.8	—	63 028.93	—	63 693.15	—	26 451.05	—	310 057.62

第五章 中低产田类型分布及改良利用

第一节 中低产田类型及分布

中低产田是指存在各种制约农业生产的土壤障碍因素，产量相对低而不稳定的耕地。通过对本市耕地地力状况的调查，根据土壤主导障碍因素的改良主攻方向，依据中华人民共和国农业部发布的行业标准 NY/T 310—1996，结合实际进行分析，潞城市中低产田包括如下 3 个类型：瘠薄培肥型、坡地梯改型、干旱灌溉型。中低产田面积为 23.079201 万亩，占总耕地面积的 74.44%。各类型面积情况统计见表 5-1

表 5-1 潞城市中低产田各类型面积情况统计表

类 型	面积（亩）	占总耕地面积（%）	占中低产田面积（%）
瘠薄培肥型	123 193.8	39.73	53.38
坡地梯改型	84 290.3	27.19	36.52
干旱灌溉型	23 307.91	7.52	10.10
合 计	230 792.01	74.44	100

一、瘠薄培肥型

瘠薄培肥型是指受气候、地形条件限制，造成干旱、缺水、土壤养分含量低、结构不良、投肥不足、产量低于当地高产农田，只能通过连年深耕、培肥土壤、改革耕作制度，推广旱作农业技术等长期性的措施逐步加以改良的耕地。

潞城市瘠薄培肥型中低产田面积为 123 193.8 亩，占总耕地面积的 39.73%。共有 6 485 个评价单元，分布在本市各个乡（镇）。

二、坡地梯改型

坡地梯改型是指主导障碍因素为土壤侵蚀，以及与其相关的地形，地面坡度、土体厚度，土体构型与物质组成，耕作熟化层厚度与熟化程度等，需要通过修筑梯田埂等田间水保工程加以改良治理的坡耕地。

潞城市坡地梯改型中低产田面积为 84 290.3 亩，占总耕地面积的 27.19%。共有 2 834 个评价单元，分布在本市各个乡（镇）。

三、干旱灌溉型

干旱灌溉改良型是指由于气候条件造成的降水不足或季节性出现不均，又缺少必要的调蓄手段，以及地形、土壤性状等方面的原因，造成的保水蓄水能力的缺陷，不能满足作物正常生长所需的水分需求，但又具备水源开发条件，可以通过发展灌溉加以改良的耕地。

潞城市干旱灌溉改良型中低产田面积为 23 307.91 亩，占总耕地面积的 7.52%。共有566 个评价单元，分布在本市各个乡（镇）。

第二节　生产性能及存在问题

一、瘠薄培肥型

该类型区域土壤轻度侵蚀或中度侵蚀，多数为旱耕地，土壤类型是潮土、粗骨土、褐土、红黏土。土壤母质黄土状母质（物理黏粒含量＞30%）、黄土母质，耕层质地主要为沙壤土、轻壤土，耕层厚度平均为 18 厘米；地力等级为 3～5 级，耕层养分含量有机质17.46 克/千克，全氮 0.89 克/千克，有效磷 8.98 毫克/千克，速效钾 172.27 毫克/千克。存在的主要问题是田面不平，水土流失严重，干旱缺水，土质粗劣，肥力较差。

二、坡地梯改型

该类型区地面坡度 2°～8°，园田化水平低，土壤类型是潮土、粗骨土、褐土、红黏土。土壤母质洪积物、黄土母质，耕层质地主要为沙壤土、轻壤土，耕层厚度平均为 21厘米，地力等级为 2～3 级，耕层养分含量有机质 18.61 克/千克，全氮 0.94 克/千克，有效磷 9.38 毫克/千克，速效钾 174.36 毫克/千克。存在的主要问题是土质粗劣，水土流失比较严重，土体发育微弱，土壤干旱瘠薄、耕层浅。

三、干旱灌溉型

该类型区地面坡度 2°～8°，园田化水平低，土壤类型是潮土、粗骨土、褐土、红黏土。土壤母质黄土状母质（物理黏粒含量＞30%）、洪积物、黄土母质；耕层质地主要为沙壤土、轻壤土，耕层厚度平均为 20 厘米，地力等级为 1～5 级；耕层养分含量有机质16.84 克/千克，全氮 0.86 克/千克，有效磷 9.04 毫克/千克，速效钾 169.82 毫克/千克。主要问题是干旱缺水，水利条件差，灌溉率＜60%，施肥水平低，管理粗放，产量不高。

潞城市中低产田各类型土壤养分含量平均值情况见表 5-2。

表 5-2　潞城市中低产田各类型土壤养分含量平均值情况统计

类　型	有机质 （克/千克）	全　氮 （克/千克）	有效磷 （毫克/千克）	速效钾 （毫克/千克）
瘠薄培肥型	17.46	0.89	8.98	172.27
坡地梯改型	18.61	0.94	9.38	174.36
干旱灌溉型	16.84	0.86	9.04	169.82
总计平均值	17.64	0.90	9.13	172.15

第三节 改良利用措施

潞城市中低产田面积 230 792.01 亩,占现有耕地的 74.44%。严重影响本市农业生产的发展和农业经济效益,应因地制宜进行改良。

总体上讲,中低产田的改良、耕作、培肥是一项长期而艰巨的任务。通过工程、生物、农艺、化学等综合措施,消除或减轻中低产田土壤限制农业产量提高的各种障碍因素,提高耕地基础地力,其中耕作培肥对中低产田的改良效果是极其显著的。具体措施如下:

1. 工程措施操作规程 根据地形和地貌特征,进行详细的测量规划,计算土方量,绘制了规划图,为项目实施提供科学的依据,并提出实施方案。涉及内容包括里切外垫、整修地埂和生产路。

(1)里切外垫操作规程:一是就地填挖平衡,土方不进不出;二是平整后从外到内要形成 1°的坡度。

(2)修筑田埂操作规程:要求地埂截面:截面为梯形,上宽 0.3 米,下宽 0.4 米,高 0.5 米,其中有 0.25 米为活土层以下。

生产操作规程按有关标准执行。

2. 增施畜禽肥培肥技术 利用周边养殖农户多的有利条件,增施农家肥,待作物收获后及时旋耕深翻入土。

3. 小麦秸秆旋耕覆盖还田技术 利用秸秆还田机,把小麦秸秆粉碎,亩用小麦秸秆 200 千克;或采用深翻使秸秆翻入地里;或用深松机进行深松作业,秸秆进行休闲期覆盖。并增施氮肥(尿素)2.5 千克,撒于地面,深耕入土,要求深翻 30 厘米以上。

4. 测土配方施肥技术 根据化验结果、土壤供肥性能、作物需肥特性、目标产量、肥料利用率等因子,拟定小麦配方施肥方案如下:旱地:>250 千克/亩,纯氮(N)—磷(P_2O_5)—钾(K_2O)为 10—6—0 千克/亩;150~250 千克/亩,纯氮—磷—钾为 8—6—0 千克/亩;<150 千克/亩,纯氮—磷—钾为 6—4—0 千克/亩。

5. 绿肥翻压还田技术 小麦收获后,结合第一场降雨,因地制宜地种植绿豆等豆科绿肥。将绿肥种子 3 千克,5 千克硝酸磷复合肥,用旋耕播种机播种。待绿肥植株长到一定程度,为了确保绿肥腐烂,不影响小麦播种,结合伏天降雨用旋耕机将绿肥植株粉碎后翻入土中。

6. 施用抗旱保水剂技术 小麦播种前,用抗旱保水剂 1.5 千克与有机肥均匀混合后施入土中。或于小麦生长后期进行多次喷施。

7. 增施硫酸亚铁熟化技术 经过里切外垫后的地块,采用土壤改良剂硫酸亚铁进行土壤熟化。动土方量小的地块,每亩用硫酸亚铁 20~30 千克,动土方量大的地块,每亩用 30~40 千克。于麦收后按要求均匀施入。

8. 深耕增厚耕作层技术 采用 60 型拖拉机悬挂深耕松犁或带 4~6 铧深耕犁,在小麦收获后进行土壤深松耕,要求耕作深度 30 厘米以上。

然而,不同的中低产田类型有其自身的特点,在改良利用中应针对这些特点,采取相应的措施，现分述如下：

一、瘠薄培肥型中低产田的改良利用

1. 平整土地与条田建设 将平坦垣面及缓坡地规划成条田，平整土地，以蓄水保墒。有条件的地方，开发利用地下水资源和引水上垣，逐步扩大垣面水浇地面积。通过水土保持和提高水资源开发水平，发展粮果生产。

2. 实行水保耕作法 在平川区推广地膜覆盖、生物覆盖等旱农技术；山地、丘陵推广丰产沟田或者其他高秆作物及种植制度和地膜覆盖、生物覆盖等旱农技术，同时修建小水池、小水窖等小水利工程，有效保持土壤水分供给，满足作物需求，提高作物产量。

3. 大力兴建林带植被 因地制宜地造林、种草与农作物种植有效结合，兼顾生态效益和经济效益，发展复合农业。

4. 秸秆还田技术 秸秆主要是使用水稻、油菜、玉米、小麦等作物收获后的副产品，一般要将秸秆机械或手工粉碎后，加入适量氮肥；通过犁耙作业或使用农用机械施入土壤亚表层或覆盖于表层，但施入表层的作物秸秆一般要施入一定的活性微生物菌剂，如腐秆灵菌剂，以加速秸秆腐烂。秸秆还田后，提高了土壤有机质含量，增加了土壤的团粒结构，调整了土壤的紧实度，促进了土壤孔隙度，降低了土壤抗寒、保温及保水性能，从而为土壤微生物活动创造了良好环境，促进了土壤有机质分解转化，增加了土壤耕作层养分来源和积累，为作物生长发育创造了有利条件。

5. 绿肥分带间套轮作技术 通过绿肥与粮经作物实行宽窄间套轮作，培肥了土壤，实现了用地与养地结合，是保持耕地肥力不断提高的一项技术。采用绿肥分带间套轮作种植模式，大大提高了土地利用率和生产能力，增产效果十分显著。

二、坡地梯改型中低产田的改良利用

1. 梯田工程 此类地形区的深厚黄土层为修建水平梯田创造了条件。梯田可以减少坡长，使地面平整，变降雨的坡面径流为垂直入渗，防止水土流失，增强土壤水分储备和抗旱能力，可采用缓坡修梯田，陡坡种林草，增加地面覆盖度。改善旱耕地的水利条件，以减轻季节性干旱对旱作农业的影响，提高旱耕地的高产稳产能力。

2. 横坡聚垄耕作 即在旱坡地沿等高线横坡起垄，把坡土变成垄沟相间的水平梯土，起到层层筑坝截留降水，减缓地表径流的作用。由于聚垄，增厚了活土层，促进了作物生长，从而提高了作物产量。

3. 增加梯田土层及耕作熟化层厚度 新建梯田的土层厚度相对较薄，耕作熟化程度较低，梯田土层厚度及耕作熟化层厚度的增加是这类田地改良的关键。梯田土层厚度的一般标准为：土层厚大于 80 厘米，耕作熟化层大于 20 厘米，有条件的应达到土层厚大于100 厘米，耕作熟化层厚度大于 25 厘米。

4. 农、林、牧并重 此类耕地今后的利用方向应是农、林、牧并重，因地制宜，全面发展。此类耕地应发展种草、植树，扩大林地和草地面积，促进养殖业发展，将生态效益和经济效益结合起来，如实行农（果）林复合农业。

三、干旱灌溉改良型中低产田的改良利用

1. 水源开发及调蓄工程 干旱灌溉型中低产田地处位置，具备水资源开发条件。在这类地区增加适当数量的水井、修筑一定数量的调水、蓄水工程，以保证一年一熟地浇水3～4次，毛灌定额300～400立方米/亩，一年两熟地浇水4～5次，毛灌定额400～500立方米/亩。

2. 完善渠系配套和渠道防渗工程、坡改梯技术、节水灌溉工程技术、中低产田暗灌工程技术、预制构件制作技术等，修建小水池、小水窖等小水利工程。有效保持土壤水分供给，满足作物需求，提高作物产量。

3. 田间工程及平整土地 一是平田整地采取小畦浇灌，节约用水，扩大浇水面积；二是积极发展管灌、滴灌，提高水的利用率；三是丘陵二级阶地除适量增加深井外，要进一步修复和提高电灌的潜力，扩大灌溉面积。

4. 配方施肥是根据土壤养分状况和不同作物对各种营养元素的需求，有针对性地配施肥料。追肥以水带氮施肥技术都是改造中低产田中行之有效的技术。

5. 深松、深翻、旋耕等机械化手段改善土壤理化性质，使土壤耕层变成"虚实并存"的良性土壤结构，使土壤水、肥、气、热四性协调，"三相"比例适宜，为高产稳产奠定基础。

第六章 玉米土壤质量状况及培肥对策

第一节 玉米土壤质量状况

一、立地条件

潞城市 2011 年农作物播种总面积 34 万亩，粮食作物播种面积 30.13 万亩，其中玉米播种面积 22 万亩，占农作物播种面积的 64.7%，占粮食作物播种面积的 73%。玉米作物在潞城市农业生产中占有举足轻重的地位，受暖温带半干旱、半湿润季风气候的影响，四季分明，春季干旱多风，地面蒸发量大；夏季雨量较多而集中；秋季天高气爽；冬季严寒干燥。年平均气温 9.7℃，≥10℃积温为 3 100～3 727.1℃，降水量为 450～600 毫米。

潞城市受季节性降雨作用影响，土壤多为石灰性褐土、淋溶褐土和褐土性土。质地多为壤质土，土体结构良好，pH 一般为 7.09～8.1。

成土母质主要有黄土状母质、黄土母质、残积物、洪积物、红黏土、红黄土母质。

潞城市地下水丰富，据统计为 5 950 万立方米，其中山川区为 4 900 万立方米。受地质结构的影响，潞城市地下水可划分为几个不同的单元：

（1）黄土空隙水，主要分布于潞城市东南山区。

（2）盆地地下水，主要分布于长治断陷盆地东南边缘，即潞城市西北部平川市镇。

（3）煤系地层裂隙水，是东南山区的主要地下水源。

（4）山间河谷空隙水，主要分布于河谷两侧的河漫滩地带。

潞城市日照时数较长，昼夜温差较大，有利于玉米作物生长。

二、养分状况

玉米土壤的养分状况直接影响其品质和产量，从而对农民收入造成一定的影响，土壤养分含量在玉米生长发育过程中，有着重要的作用。对潞城市 4 680 个土壤采样点的土壤养分进行了分析，具体如下：

不同行政区域玉米土壤养分状况：

由于地理位置、环境条件、耕作方式和管理水平的不同，各行政区域土壤养分测定差异较大。

从养分测定结果看，潞城市玉米土壤有机质平均含量为 17.95 克/千克，全氮平均含量为 0.93 克/千克，有效磷平均含量为 9.50 毫克/千克，速效钾平均含量为 171 毫克/千克；中量元素中，有效硫平均含量为 39.8 毫克/千克；微量元素中，有效铜 1.07 毫克/千克，有效锌 1.49 毫克/千克，有效铁 3.35 毫克/千克，有效锰 20.46 毫克/千克，有效硼含量为 0.54 毫克/千克。

从测定结果看，潞城市玉米土壤养分分布不均，地力差异较大。东南部乡（镇）土壤养分总体上表现为磷低钾高，北部乡（镇）氮、磷养分含量普遍偏高，这与农民施肥习惯有很大的关系，与全省土壤肥力分类标准相比，潞城市土壤养分情况总体可概括为：氮高、钾高、磷低，氮磷钾比例不协调。

三、质量状况

潞城市玉米土壤主要是石灰性褐土和褐土性土。土壤质地以壤土为主，也有部分黏壤质土和沙壤土。土壤表层疏松底层紧实，孔隙度较好，土壤含水量适中，土体较湿润。通体石灰反应较为强烈，呈微碱性。土壤耕性较好，保肥保水性能适中，肥力水平相对较好。

据对潞城市 4 680 个玉米土壤采样点的养分含量分析显示，有机质含量为 5.8～59.1 克/千克，差别较大；全氮含量为 0.39～2.86 克/千克，差异较大，养分含量不均；有效磷含量为 2.8～53.7 毫克/千克各点差异较大，养分含量不均；速效钾含量为相对较高，差异不大。大部分玉米土壤不缺钾。

根据对潞城市 4 680 个玉米土壤采样点的环境质量调查发现，农民常年施用化肥，经各种途径进入土壤，虽然土壤的各项污染因素均不超标，但存在潜在的威胁，要引起注意。

四、主要存在问题

经调查发现，潞城市玉米土壤在施肥和耕作方面有许多不足，主要存在问题如下：

1. 不重视有机肥的施用　由于化肥的快速发展，牲畜饲养量的减少，施用的有机肥严重不足。虽然近十几年来潞城市重视玉米秸秆覆盖还田，加大了秸秆的还田量，但仍不能满足玉米生长所需的各种养分需求。有机肥的增施可以提高土壤的团粒性能，改善土壤的通气透水性，保水、保肥和供肥性能。根据调查情况可以看出，不施用或施用较少有机肥的地块，土壤板结，产量相对较低，容易出现病虫害。

2. 化肥投入比例失调　由于农民缺乏科学的施肥技术，以致出现了盲目施肥现象。调查中发现，农民施用氮、磷、钾等养分比例不当。根据玉米的需肥规律，每生产 100 千克籽粒需要氮磷钾配比分别为：1∶（0.5～0.6）∶（0.7～0.8），调查发现农民重施氮肥、轻磷肥，致使潞城市地块普遍缺磷。并且肥料施用分布极不平衡，距离近的耕地施用有机肥，远的地块施用化肥，甚至不上肥干种。

3. 化肥施用方法不科学　不同化肥品种、不同土壤、不同作物所要求的施肥方法不同。如易挥发的氮肥表施、浅施，磷肥撒施等都是不科学的施肥方法。因施肥不当造成烧种、烧苗现象时有发生。不同肥力土壤、不同产量水平的作物对化肥的需求量是不同的，化肥用量不是越多越好。再者，农民只注重高产田的施肥，忽视中低产田的施肥，造成高产田吃不了，中低产田吃不饱的浪费现象。经调查，有相当多的农民在施肥技术上存在施用方法不当的问题，主要表现在：第一，施肥深度不够，一般施肥深度 0～10 厘米，不在玉米根系密集层，养分利用率低；第二，施肥时期和方法不当，根据玉米需肥特点，肥料应分次施用。大多数农户在给玉米作物施肥时仅施用一次，造成玉米生长期内养分供应不足，严重影响玉米的产量和降低了化肥的施用效率；第三，化肥施用过于集中，施肥后造成局部土壤化学浓度过大，对玉米生长产生了危害；第四，有些农民不根据自己家地块肥料实际需求，盲目过量施用化肥，不仅造成耕地土壤污染和肥料浪费，而且使土壤形成板结。

4. 重用地，轻养地　春季白地下种的现象蔚然成风，由南至北形成了一种现象。不重视农家肥的积造保管和施用，没有把农家肥放到增产的地位上来；有的地方不充分利用肥料来源，焚烧秸秆的现象依然存在；复播面积扩大，但施肥水平跟不上，这样久而久之土壤养分入不敷出，肥力自然下降。俗话说，又想马儿跑，不给马吃草，马也难跑。产量难以提高。

5. 微量元素肥料施用量不足　调查发现，在微量元素肥料的施用上，施用面积和施用量都少。而且施用时期掌握不好，往往是在出现病症后补施，或是在治理病虫害过程中，施用掺杂有微量元素的复合农药剂。此外，由于农民对氮肥的盲目过量施用，致使土壤中元素间拮抗现象增强，影响微量元素肥料的施用效果。

第二节　土壤培肥

根据当地立地条件，玉米土壤养分状况分析结果，按照玉米作物的需肥规律和土壤改良原则，结合对玉米产量和品质的双重要求，建议培土措施如下：

一、增施土壤有机肥，尤其是优质有机肥

从农业生产物质循环的角度看，作物的产量越高，从土壤中获得的养分越多，需要以施肥形式，特别是以化肥补偿土壤中的养分。随着化肥施用量的日益增加，肥料结构中有机肥的比重相对下降，农业增产对化肥的依赖程度越来越大。在一定条件下，施用化肥的当季增产作用确实很大，但随着单一化肥施用量的逐渐增加，土壤有机质消耗量也增大，造成土壤团粒结构分解，协调水、肥、气、热的能力下降，土壤保肥供肥性能变差，将会出现新的低产田。配方施肥要同时达到土壤供肥能力和培肥土壤两个目的，仅仅依靠化肥是做不到的，必须增施有机肥。有机肥的作用，除了供给物质多种养分外，更重要的是更新和积累土壤有机质，促进土壤微生物活动，有利于形成土壤团粒结构，协调土壤中水、肥、气、热等肥力因素，增强土壤保肥、供肥能力，为作物高产优质创造条件。所以，配方施肥不是几种化肥的简单配比，应以有机肥为基础，氮、磷、钾化肥以及中微量元素配合施用，既获得作物优质高产，又维持和提高土壤肥力。

二、合理调整化肥施用比例和用量

结合玉米土壤养分状况、施肥状况、玉米作物施肥与土壤养分的关系，以及玉米

"3414"田间肥效试验结果，结合玉米作物施肥规律，提出相应的施肥比例和用量。一般条件下，100千克玉米籽粒需吸收纯氮为2.5～2.6千克，纯磷为0.8～1.2千克，纯钾为2.0～2.2千克。玉米施肥应综合考虑品种特性、土壤条件、产量水平、栽培方式等因素。亩产按500～600千克推算，亩施纯氮为14千克左右、纯磷为6千克左右、纯钾为10千克左右。低中山区和丘陵区应在加强氮磷钾合理配比的基础上，重视微量元素肥料的合理施用，特别是锌肥的使用。

第七章 耕地地力调查与质量评价的应用研究

第一节 耕地资源合理配置研究

潞城市耕地总面积 31 万亩，总人口 22.43 万，人均耕地不足 1.5 亩。人多地少，耕地后备资源严重不足。从耕地保护形势看，由于潞城市农业产业结构调整，退耕还林，山庄撂荒、公路、乡镇企业基础设施等非农建设占用耕地，导致耕地面积逐年减少，人地矛盾将出现严重危机。从潞城市人民的生存和潞城市经济可持续发展的高度出发，采取措施，实现潞城市耕地总量动态平衡刻不容缓。

实际上，潞城市扩大耕地总量仍有很大潜力，只要合理安排，科学规划，集约利用，就完全可以兼顾耕地与建设用地的要求，实现社会经济的全面、可持续发展；从控制人口增长，村级内部改造和居民点调整，退宅还田，开发复垦土地后备资源和废弃地等方面着手。一级、二级阶地主要分布在翟店镇、潞华街道办事处、史廻乡生产能力偏低的现状。再加之农民对施肥，特别是有机肥的忽视，以及耕作管理措施的粗放，这都是造成耕地现实生产能力不高的原因。2011 年，潞城市粮食产量情况见表 7 - 1。

表 7 - 1 潞城市 2011 年粮食产量统计

名　称	总产量（万吨）	平均单产（千克）
粮食总产量	11.113 4	401
小　麦	0.470 4	130
玉　米	10.194 9	460
豆　类	0.082	108
谷　子	0.094 4	233
薯　类	0.113 2	344

潞城市 4 860 个样点测定结果表明，耕地土壤有机质平均含量为 17.81 克/千克；全氮平均含量为 0.92 克/千克；碱解氮平均含量为 87.325 克/千克；有效磷平均含量为 9.49 克/千克；缓效钾平均含量为 1 013.93 克/千克；速效钾平均含量为 173.62 克/千克；pH 平均值为 8.06；

1. 基本情况 潞城市耕地总面积 31 万亩，其中水浇地 14 703.47 亩，占总耕地面积的 4.74%；旱地 295 354.15 亩，占总耕地面积的 95.26%；菜地 2.4 万亩，占总耕地面积的 7.5%。潞城市中低产田面积 23.079 2 万亩，占总耕地面积的 4.44%，灌溉条件一般，总水量的供需不够平衡。

2. 潜在生产能力 生产潜力是指在正常的社会秩序和经济秩序下所能达到的最大产

量。从历史的角度和长期的利益来看，耕地的生产潜力是比粮食产量更为重要的粮食安全因素。

潞城市人多地少，人均耕地不到 1.5 亩，但耕地土质较好，光热资源充足。按照潞城市的耕地地力等级划分，一级、二级地 156 884 亩，占潞城市总耕地面积的 50.60%，其亩产大于 650 千克；四级、五级地 90 144 亩，占潞城市总耕地面积的 29.07%，其亩产量为 450 千克以下。经过对潞城市地力等级的评价得出，39.3 万亩耕地以全部种植粮食作物计，其粮食最大生产能力为 19 152.7 万千克，平均单产可达 559 千克/亩，与现有亩产水平 461 千克相比，潞城市耕地平均每亩仍有 98 千克的增产潜力。

一级、二级阶地主要分布在翟店镇、潞华街道办事处、史廻乡。潞城市在确保粮食生产安全的前提下，优化耕地资源利用结构，合理配置其他作物占地比例。为确保粮食安全需要，对潞城市耕地资源进行如下配置：潞城市现有 31 万亩耕地中，其中 29 万亩用于种植粮食，以满足潞城市人口粮食需求，其余耕地用于蔬菜、水果、中药材、花卉、薯类、油料等作物生产。

根据《土地管理法》和《基本农田保护条例》划定潞城市基本农田保护区，将水利条件、土壤肥力条件好，自然生态条件适宜的耕地划为口粮和粮食生产基地，长期不许占用。在耕地资源利用上，必须坚持基本农田总量平衡的原则。具体措施如下：一是建立完善的基本农田保护制度，用法律保护耕地；二是明确各级政府在基本农田保护中的责任，严控占用保护区内耕地，严格控制城乡建设用地；三是实行基本农田损失补偿制度，实行谁占用、谁补偿的原则；四是建立监督检查制度，严厉打击无证经营和乱占耕地的单位和个人；五是建立基本农田保护基金，市政府每年投入一定资金用于基本农田建设，大力挖潜存量土地；六是合理调整用地结构，用市场经营利益导向调控用地。

同时，在耕地资源配置上，要以粮食生产安全为前提，以农业增效、农民增收为目标，逐步提高耕地质量，调整种植业结构推广优质农产品，应用优质高效，生态安全栽培技术，提高耕地利用率。

第二节 耕地地力建设与土壤改良利用对策

一、耕地地力现状及特点

耕地质量包括耕地地力和土壤环境质量两个方面，此次调查与评价共涉及耕地土壤点位 4 860 个。经过历时 3 年的调查分析，基本查清了潞城市耕地地力现状与特点。

通过对潞城市土壤养分含量的分析得知：潞城市土壤以壤质土为主，有机质平均含量为 17.81 克/千克，属省三级水平；全氮平均含量为 0.92 克/千克，属省四级水平；有效磷含量平均为 9.49 毫克/千克，属省五级水平；速效钾含量为 173.62 毫克/千克，属三省级水平。中微量元素养分含量有效锌、硫较高属省三级水平，有效锰、有效铁、有效铜均属省四级水平，有效硼属省五级水平。

（一）耕地土壤养分含量不断提高

从这次调查结果看，潞城市耕地土壤有机质含量为 17.81 克/千克，属省三级水平；

全氮平均含量为 0.92 克/千克，属省四级水平，与第二次土壤普查的 1.11 克/千克相比降低了 0.19 克/千克；有效磷平均含量为 9.49 毫克/千克，属省五级水平，与第二次土壤普查的 9.7 毫克/千克相比降低了 0.21 毫克/千克；速效钾平均含量为 173.62 毫克/千克，属省三级水平，与第二次土壤普查的平均含量 73 毫克/千克相比提高了 100.62 毫克/千克。中微量元素养分含量有效锌、硫较高属省三级水平，有效锰、有效铁、有效铜均属省四级水平，有效硼属省四级水平。

（二）耕作历史悠久，土壤熟化度高

据史料记载，早年尧舜时代就已是农业区域，炎帝曾在此教农桑、尝百草，农业历史悠久，土质良好，加以多年的耕作培肥，土壤熟化程度高。据调查，有效土层厚度平均达150 厘米以上，耕层厚度为 19～22 厘米，适种作物广，生产水平高。

二、存在主要问题及原因分析

（一）中低产田面积较大

据调查，潞城市共有中低产田面积 23.079 21 万亩，占总耕地面积的 74.44%。按主导障碍因素，共分为坡地梯改型、干旱灌溉型、瘠薄培肥型三大类型。其中，坡地梯改型8.429 万亩，占总耕地面积的 27.2%；瘠薄培肥型 12.32 万亩，占总耕地面积的 39.7%。

中低产田面积大，类型多。主要原因：一是自然条件恶劣。潞城市地形复杂，山、川、沟、垣、堑俱全，水土流失严重；二是农田基本建设投入不足，中低产田改造措施不力；三是农民耕地施肥投入不足，尤其是有机肥施用量仍处于较低水平。

（二）耕地地力不足，耕地生产率低

潞城市耕地虽然经过排、灌、路、林综合治理，农田生态环境不断改善，耕地单产、总产呈上升趋势。但近年来，农业生产资料价格一再上涨，农业成本较高，甚至出现种粮赔本现象，大大挫伤了农民种粮的积极性。一些农民通过增施氮肥取得产量，耕作粗放，结果致使土壤结构变差，造成土壤养分恶性循环。

（三）施肥结构不合理

作物每年从土壤中带走大量养分，主要是通过施肥来补充。因此，施肥直接影响到土壤中各种养分的含量。近几年在施肥上存在的问题，突出表现在"三重三轻"：第一，重经济作物，轻粮食作物；第二，重复混肥料，轻专用肥料。随着我国化肥市场的快速发展，复混（合）肥异军突起，其应用对土壤养分的变化也有影响，许多复混（合）肥杂而不专，农民对其依赖性较大，而对于自己所种作物需什么肥料，土壤缺什么元素，底子不清，导致盲目施肥；第三，重化肥使用，轻有机肥使用。近些年来，农民将大部分有机肥施于菜田，特别是优质有机肥，而占很大比重的耕地有机肥却施用不足。

三、耕地培肥与改良利用对策

（一）多种渠道提高土壤肥力

1. 增施有机肥，提高土壤有机质　近年来，由于农家肥来源不足和化肥的发展，潞

城市耕地有机肥施用量不够。可以通过以下措施加以解决：①广种饲草，增加畜禽，以牧养农；②大力种植绿肥，种植绿肥是培肥地力的有效措施，可以采用粮肥间作或轮作制度。

2. 推广秸秆还田，实现用养结合 作物秸秆含有较为丰富的氮、磷、钾、钙、镁、硫等多种营养元素和有机质，直接翻入土壤具有改善土体结构，改良土壤耕性的作用。目前，潞城市秸秆资源丰富，每年有 1.5 万亩小麦秸秆和 27 万亩玉米秸秆。通过玉米秸秆覆盖还田、小麦高茬还田、动物过腹还田、压青还田等途径，增加土壤有机质含量，实现用养结合。

3. 合理轮作，挖掘土壤潜力 不同作物需求养分的种类和数量不同，根系深浅不同，吸收各层土壤养分的能力不同，各种作物遗留残体成分也有较大差异。因此，通过不同作物合理轮作倒茬，保障土壤养分平衡。要大力推广玉米、豆类立体套作，粮、油轮作，小麦、豆类、薯类轮作等技术模式，实现土壤养分协调利用。

（二）巧施氮肥

速效性氮肥极易分解，通常施入土壤中的氮素化肥的利用率只有 25%～50%，或者更低。这说明施入土壤中的氮素，挥发渗漏损失严重。所以，在施用氮肥时，一定注意施肥量、施肥方法和施肥时期，提高氮肥利用率，减少损失。

（三）重施磷肥

潞城市地处黄土高原，属石灰性土壤，土壤中的磷常被固定，而不能发挥肥效。加上长期以来群众重氮轻磷，作物吸收的磷得不到及时补充。试验证明，在缺磷土壤上增施磷肥增产效果明显，可以增施人粪尿、畜禽肥等有机肥，其中的有机酸和腐殖酸促进非水溶性磷的溶解，提高磷素的活力。

（四）因地施用钾肥

潞城市土壤中钾的含量虽然在短期内不会成为限制农业生产的主要因素，但随着农业生产进一步发展和作物产量的不断提高，土壤中有效钾的含量也会处于不足状态。所以，在生产中，应定期监测土壤中钾的动态变化，及时补充钾素。

（五）重视施用微肥

微量元素肥料，作物的需要量虽然很少，但对提高产品产量和品质，却有大量元素不可替代的作用。据调查，潞城市土壤硼、锌、铁等含量均不高，玉米施锌和小麦施锌试验，增产效果很明显。

（六）因地制宜，改良中低产田

潞城市中低产田面积比较大，影响了耕地地力水平。因此，要从实际出发，分类配套改良技术措施，进一步提高潞城市耕地地力质量。

四、典型事例

潞城市玉米秸秆覆盖还田技术

潞城市位于上党盆地南缘，潞城市辖 4 镇 3 乡 2 个街道办事处、202 个行政村，潞城市总耕地 31 万亩，其中玉米作物播种面积将近 23 万亩。"十年九旱、年年春旱"是潞城市的气候特点，"干旱缺水、土壤瘠薄"是制约潞城市粮食高产高效、安全优质的主要因素。为提高降水利用效率、提高耕地综合生产能力，改变靠天吃饭的被动局面，潞城市从1994年开始，针对玉米种植面积大、秸秆资源丰富的实际情况，潞城市大面积示范推广玉米秸秆覆盖还田技术，每年覆盖面积达到10万亩以上。经过10年的玉米秸秆覆盖还田，取得了大面积玉米秸秆覆盖的成果经验，收到了良好的经济效益、社会效益、生态效益。据我们多年调查，玉米秸秆覆盖有以下4点好处：一是保墒。如果说传统旱作农业建设的是"浅水库"，机械化旱作农业建设的是"深水库"，那么玉米秸秆覆盖保护性耕作建设则是"有盖子的深水库"。玉米秸秆覆盖后，不仅提高了"土壤水库"的建设标准，而且改善了"土壤水库"的生态功能和周边环境，同时解决了"水"和"土"的问题。我们多年定点在潞城市的翟店镇监测点观察，覆盖田全生育期0～30厘米土壤含水量均比不覆盖田高1.5～4个百分点，而且有效提高降水利用效率。据测算，每毫米降水增产粮食达0.3千克，达到了有效合理利用降水，节约用水的目的；二是培肥。分田到户后，农家肥因量大、地远、运输困难等诸多因素，农民往农田施农家肥的数量急剧减少。通过玉米秸秆覆盖还田后，不仅能很好地解决这一难题，而且避免了焚烧秸秆带来的环境污染。秸秆覆盖后，土壤有机质逐年提高；三是秸秆覆盖省工省时。潞城市主要推广的是玉米秸秆半耕整秆半覆盖，即盖一半耕一半，劳动量和劳动强度大大降低。经测算，每覆盖1亩秸秆比常规耕作田节省2～4个工；四是改善了土壤生态环境条件。坡地、梯田秸秆覆盖后，由于其能有效拦蓄降水，减少水土流失。同时地表有覆盖物，大大减少了风沙天气，群众称之为"风大不起沙，刮风不刮土"，有效改善了潞城市的空气环境质量。

第三节　农业结构调整与适宜性种植

近些年来，潞城市农业的发展和产业结构调整工作取得了突出的成绩，但干旱严重，土壤肥力有所减退，抗灾能力薄弱，生产结构不良等问题，仍然十分严重。因此，为适应21世纪我国农业发展的需要，增强潞城市优势农产品参与国际市场竞争的能力，有必要进一步对潞城市的农业结构现状进行战略性调整，从而促进潞城市高效农业的发展，实现农民增收。

一、农业结构调整的原则

为适应我国社会主义农业现代化的需要，在调整种植业结构中，遵循下列原则：

一是与国际农产品市场接轨，以增强潞城市农产品在国际、国内经济贸易的竞争力为原则。

二是以充分利用不同区域的生产条件、技术装备水平及经济基础条件，达到趋利避害，发挥优势的调整原则。

三是以充分利用耕地评价成果，正确处理作物与土壤间、作物与作物间的合理调整为原则。

四是采用耕地资源管理信息系统，为区域结构调整的可行性提供宏观决策与技术服务的原则。

五是保持行政村界线的基本完整的原则。

根据以上原则，在今后一段时间内将紧紧围绕农业增效、农民增收这个目标，大力推进农业结构战略性调整，最终提升农产品的市场竞争力，促进农业生产向区域化、优质化、产业化发展。

二、农业结构调整的依据

通过本次对潞城市种植业布局现状的调查，综合验证，认识到目前的种植业布局还存在许多问题，需要在市域内部加大调整力度，进一步提高生产力和经济效益。

根据此次耕地质量的评价结果，安排潞城市的种植业内部结构调整，应依据不同地貌类型、耕地综合生产能力和土壤环境质量两方面的综合考虑，具体为：

一是按照七大不同地貌类型，因地制宜规划，在布局上做到宜农则农，宜林则林，宜牧则牧。

二是根据潞城市实际，按照耕地地力评价划分 5 个等级标准，在各个地貌单元中所代表面积的数值衡量，以适宜作物发挥最大生产潜力来分布，做到高产高效作物分布在 1～2 级耕地为宜，中低产田应在改良中调整。

三是按照土壤环境的污染状况，在面源污染、点源污染等影响土壤健康的障碍因素中，以污染物质及污染程度确定，做到该退则退，该治理的采取消除污染源及土壤降解措施，达到无公害、绿色农产品的种植要求，来考虑作物种类的布局。

三、土壤适宜性及主要限制因素分析

潞城市土壤因成土母质不同、土壤质地也不一致，发育在黄土及黄土状母质上的土壤质地多是较轻而均匀的壤质土，心土及底土层为黏土。总的来说，潞城市的土壤大多为壤质，沙黏含量比较适合，在农业上是一种质地理想的土壤；其性质兼有沙土和黏土之优点，而克服了沙土和黏土之缺点，它既有一定数量的大孔隙，还有较多的毛管孔隙，故通透性好，保水保肥性强，耕性好，宜耕期长，好抓苗，发小又养老。因此，综合以上土壤特性，潞城市土壤适宜性强，小麦、玉米、谷子等粮食作物及经济作物，如蔬菜、药材、油料、花卉、水果等都适宜潞城市种植。

但种植业的布局除了受土壤质地作用外，还要受到地理位置、水分条件等自然因素和经济条件的限制。在山地、丘陵等地区，由于此地区沟壑纵横，土壤肥力较低，土壤较干旱，气候凉爽，农业经济条件也较为落后。因此，要在管理好现有耕地的基础上，将人力、资金和技术逐步转移到非耕地的开发上，大力发展林、牧业，建立农、林、牧结合的生态体系，使其成为林、牧产品生产基地。在平原地区由于土地平坦，水源较丰富，是潞城市土壤肥力较高的区域，同时其经济条件及农业现代化水平也较高，故应充分利用地理、经济、技术优势，在决不放松粮食生产的前提下，积极开展多种经营，实行粮、菜、药材、花卉、水果全面发展。

在种植业的布局中，必须充分考虑到各地的自然条件、经济条件，合理利用自然资源，对布局中遇到的各种限制因素，应考虑到它影响的范围和改造的可行性，合理布局生产，最大限度地、持久地发掘自然的生产潜力，做到地尽其力。

四、种植业布局分区建议

根据潞城市种植业布局分区的原则和依据，结合本次耕地地力调查与质量评价结果，将潞城市划分为五大种植区，分区概述：

（一）山前倾斜平原和丘陵中下部及坡麓平坦地粮食、蔬菜、花卉苗木区

该区位于北部平川乡（镇），包括店上镇、史廻乡、合室乡等乡（镇）区大部分村和东和乡少数村庄，共80个村庄，区域耕地面积为55 081亩。

1. 区域特点　本区地处山前倾斜平原中下部、丘陵中下部及坡麓平坦地，海拔较低，地势平坦，土壤肥沃，水土流失轻微，地下水位较浅，水源比较充足，水利设施好；园田化水平高，交通便利，农业生产条件优越。年平均气温10.2℃，年降水500毫米，无霜期180天，气候温和，热量充足，农业生产水平较高，可一年两作或两年三作。本区土壤耕性良好，适种性广，施肥水平较高。本区土壤为潮土和石灰性褐土两个亚类，是潞城市的粮食、蔬菜、花卉苗木区。

区内土壤有机质含量为19.03克/千克，全氮为0.91克/千克，有效磷9.04毫克/千克，速效钾175毫克/千克，硼、铁微量元素含量相对偏低，均属省四级水平。

2. 种植业发展方向　本区以建设粮、菜基地为主攻方向。大力发展一年两作或两年三作高产高效粮田，扩大蔬菜面积，适当发展花卉苗木等经济作物。在现有基础上，优化结构，建立无公害生产基地。

3. 主要保障

（1）加大土壤培肥力度，全面推广多种形式秸秆还田，以增加土壤有机质，改良土壤理化性状。

（2）注重作物合理轮作，坚决杜绝连茬多年的习惯。

（3）全力以赴搞好基地建设，通过标准化建设、模式化管理、无害化生产技术应用，使基地取得明显的经济效益和社会效益。

（二）阶地粮食、油料、水果、蔬菜区

本区位于西南部翟店镇、潞华街道办事处等乡（镇），海拔为960~1 020米，70个村庄，区域耕地面积为118 060亩。

1. 区域特点　本区光热资源丰富，土地比较肥沃，农业机械化程度较高。本区除少数耕地属褐土性土外，大部分属于石灰性褐土，是潞城市主要的粮食、水果区。本区耕地平均有机质含量19.1克/千克，全氮为1.09克/千克，有效磷11.1毫克/千克，速效钾170毫克/千克，整体看，微量元素偏低。

2. 种植业发展方向　本区种植业，以粮为主，发展复播油料、小杂粮，稳定果树面积，积极发展设施蔬菜。

3. 主要保证措施

（1）小麦、玉米、油料良种良法配套，增加产出，提高品质，增加效益。

（2）大面积推广秸秆覆盖还田，有效提高土壤有机质含量。

（3）重点建好东贾、东天贡、西天贡等村的日光温室基地，发展无公害果菜，提高市场竞争力。

（4）加强技术培训，提高农民素质。

（5）加强水利设施建设，千方百计扩大水浇地面积。

（三）丘陵中下部的缓坡地段粮食、水果区

该区位于东部黄牛蹄、成家川等乡（镇、街道办事处），海拔为 1 000～1 050 米，土质较好，气温高，属阳坡。本区共包括 80 个村庄，耕地为 58 690 亩。

1. 区域特点 本区土地坡度较缓，土质较好，土壤主要是褐土性土，母质为洪积物，气温高，光照充足。

区内土壤有机质含量 16.8 克/千克，全氮为 0.86 克/千克，有效磷 10.8 毫克/千克，速效钾 170 毫克/千克。微量元素有效铁，属省四级水平，有效硼含量属省五级水平，含量相对较低。

2. 种植业发展方向 本区以粮食为主，积极发展果树生产基地。

3. 主要保障措施

（1）广辟有机肥源，增施有机肥，改良土壤，提高土壤保水保肥能力。

（2）因地制宜，合理施用化肥。

（3）发展无公害水果，形成规模，提高市场竞争力。重点抓好以黄牛蹄乡、成家川办事处为中心的苹果生产基地。同时沿山积极发展水果，充分利用其海拔较高，光照充足，昼夜温差大，水果质量好的优势，提高市场竞争力。

（四）中低山上中部坡腰粮食、杂粮、干果、药材区

该区分布于东南部山区乡（镇），海拔为 1 050～1 250 米，包括微子镇、辛安泉、黄牛蹄等内的村庄，耕地面积为 32 198 亩。

1. 区域特点 该区年平均气温 9.7℃左右，年降水 520 毫米左右；全部为旱地，但土质较好，本区属贫水区，且埋置深，不易开采，但属阳坡，土质好，土壤以褐土性土为主。

区内耕地有机质含量为 18.3 克/千克，全氮为 0.82 克/千克，有效磷为 9.97 毫克/千克，速效钾为 178.6 毫克/千克，土壤微量元素，有效锰含量平均值属省二级水平，有效硼含量较低属省五级水平。

2. 种植业发展方向 该区宜以玉米作物为主，适当发展杂粮，走有机旱作之路，同时宜发展杏、核桃、李等干果及杂果，扩大种植适生中药材。

3. 主要保障措施

（1）进一步抓好平田整地，整修梯田，建好"三保田"。

（2）千方百计增施有机肥，搞好测土配方施肥，增加微肥的施用。

（3）积极推广旱作技术和高产综合技术，提高科技含量。

（五）中低山顶部杂粮、干果、药材、畜牧区

本区合室乡、黄牛蹄等乡（镇）的 40 个村庄，耕地面积 36 523 亩。

1. 区域特点 大部分土体较薄，一般 30～50 厘米。普遍养分含量低，降水少，土体较为干旱。土壤多为淋溶褐土。母质为岩石风化残积、坡积和黄土母质。

区内耕地有机质含量为 17.8 克/千克，全氮为 0.79 克/千克，有效磷 10.45 毫克/千克，速效钾 180 毫克/千克，微量元素含量有效硼属省五级水平，偏低。

2. 种植业发展方向　光照充足，昼夜温差大，以杂粮为主，适当种植豆类、干果，同时积极发展中药材。要合理规划，宜林则林，宜牧则牧，充分利用资源，提高农民收入。

3. 主要保障措施

（1）减少水土流失，优化生态环境，注重推广蓄雨纳墒技术。

（2）增施有机肥，提高土壤肥力。

（3）选用抗旱良种，采用配套间作栽培措施，提高农作物产量和品质。

五、农业远景发展规划

潞城市农业的发展，应进一步调整和优化农业结构，全面提高农产品品质和经济效益，建立和完善潞城市耕地质量管理信息系统，随时服务布局调整，从而有力促进潞城市农村经济的快速发展。现根据各地的自然生态条件、社会经济技术条件，特提出 2020 年发展规划如下：

一是潞城市粮食占有耕地逐步提高，复种指数达到 1.4。集中建立 20 万亩绿色优质玉米生产基地、2 万亩优质玉米生产基地、开发建设 1.5 万亩优质无公害大葱生产基地。

二是加快发展蔬菜生产，建设无公害、绿色蔬菜生产基地 3 万亩。全面推广绿色蔬菜生产操作规程，配套建设贮藏、包装、加工、质量检测、信息等设施完备的农产品物流市场。

三是大力发展苗木花卉，重点建设潞华街道办事处 0.2 万亩现代化的苗木花卉种植基地一个。

四是集中优势资源，全力做优、做强林果产业，建设 1 万亩水果和干果生产基地。

五是实施原产地认证，突出抓好地道药材生产，中药材种植面积达到 1 万亩。

综上所述，面临的任务是艰巨的，困难也是很大的。所以，要下大力气克服困难，努力实现既定目标。

第四节　主要作物施肥指标体系的建立与无公害农产品生产对策研究

一、养分状况与施肥现状

（一）潞城市土壤养分与状况

潞城市耕地质量评价结果表明，土壤有机质平均含量 17.81 克/千克，全氮含量 0.92 克/千克，有效磷 9.49 毫克/千克，速效钾 173.62 毫克/千克，有效硫 43.68 毫克/千克，有效铜 0.90 毫克/千克，有效锌 1.29 毫克/千克，有效锰 13.62 毫克/千克，有效铁 6.75 毫克/千克，水溶性硼 0.49 毫克/千克。土壤有机质属省三级水平；全氮属省四级水平；

有效磷属省五级水平；速效钾属省三级水平。中微量元素养分含量，有效硫属省三级水平、有效铜属省四级水平、有效锌属省三级水平、有效硼属省五级水平、有效锰属省四级水平、有效铁属省四级水平。

（二）潞城市施肥现状

农作物平均亩施氮肥（N）为 15 千克，磷肥（P_2O_5）为 6 千克，钾肥（K_2O）为 3 千克，氮磷钾施用比例不协调。农家肥和微量元素肥料施用量很低，普遍不施。

二、存在问题及原因分析

（一）有机肥和无机肥施用比例失调

20 世纪 70 年代以来，随着化肥工业发展，化肥的施用量大量增加；但有机肥的施用量却在不断减少，随着农业机械化水平提高，农村大牲畜大量减少，农村人居环境改善，有机肥源不断减少，优质有机肥都进了经济田，耕地有机肥用肥量更少。随着农业机械化水平的提高，小麦、玉米等秸秆还田面积增加，土壤有机质有了明显提高。今后土壤有机质的提高主要依靠秸秆还田。据统计，潞城市平均亩施有机肥不足 500 千克，农民多以无机肥代替有机肥，有机肥和无机肥施用比例失调。

（二）肥料三要素（N、P、K）施用比例失调

第二次土壤普查后，潞城市根据普查结果，氮少磷缺钾有余的土壤养分状况提出增氮增磷不施钾。所以，在施肥上一直按照氮磷1：1的比例施肥，亩施碳酸氢铵 50 千克，普通过磷酸钙 50 千克。10 多年来，土壤养分发生了很大变化，土壤有效磷显著提高。据此次调查，所施肥料中的氮、磷、钾养分比例多不适合作物要求，未起到调节土壤养分状况的作用。根据潞城市农作物的种植和产量情况，现阶段氮、磷、钾化肥的适宜比例应为 1：0.56：0.16，而调查结果表明，实际施用比例为 1：0.5：0.1，并且肥料施用分布极不平衡，高产田比例低于中低产田，部分旱地地块不施磷钾肥，这种现象制约了化肥总体利用率的提高。

（三）化肥用量不当

耕地化肥施用不合理。在大田作物施肥上，人们往往注重高产田投入，而忽视中低产田投入，产量越高，施肥量越大；产量越低施肥量越小，甚至白茬下种。因而造成高产地块肥料浪费，而中低产田产量提不高。据调查，高产田化肥施用总量达 80 千克以上，而中低产田亩用量不足 50 千克。这种化肥不合理分配，直接影响化肥的经济效益和无公害农产品的生产。

（四）化肥施用方法不当

1. 氮肥浅施、表施　这几年，在氮肥施用上，广大农民为了省时、省劲，将碳酸氢铵、尿素撒于地表，旋耕犁旋耕入土，甚至有些用户用后不及时覆土，造成一部分氮素挥发损失，降低了肥料的利用率，有些还造成铵害，烧伤植物叶片。

2. 磷肥撒施　由于大多群众对磷肥的性质了解较少，普遍将磷肥撒施、浅施，作物不能吸收利用，并且造成磷固定，降低了磷的利用率和当季施用肥料的效益。据调查，潞城市磷肥撒施面积达 60% 左右。

3. 复合肥施用不合理　在黄瓜、北瓜、茄子、番茄等种植比例大的蔬菜上，复合肥

料和磷酸二铵使用比例很大，从而造成盲目施肥和磷钾资源的浪费。

以上各种问题，随着测土配方施肥项目的实施将逐步得到解决。

三、化肥施用区划

（一）目的和意义

根据潞城市不同区域、地貌类型、土壤类型的土壤养分状况、作物布局、当前化肥使用水平和历年化肥试验结果进行了统计分析和综合研究，按照潞城市不同区域化肥肥效的规律，31 万亩耕地共划分 3 个化肥肥料一级区和 9 个合理施肥二级区，提出不同区域氮、磷、钾化肥的使用标准。为潞城市今后一段时间合理安排化肥生产、分配和使用，特别是为改善农产品品质，因地制宜调整农业种植布局，发展特色农业，保护生态环境，生产绿色、无公害农产品，促进可持续农业的发展提供科学依据，使化肥在潞城市农业生产发展中发挥更大的增产、增收、增效作用。

（二）分区原则与依据

1. 原则

（1）化肥用量、施用比例和土壤类型及肥效的相对一致性。

（2）土壤地力分布和土壤速效养分含量的相对一致性。

（3）土地利用现状和种植区划的相对一致性。

（4）行政区划的相对完整性。

2. 依据

（1）农田养分平衡状况及土壤养分含量状况。

（2）作物种类及分布。

（3）土壤地理分布特点。

（4）化肥用量、肥效及特点。

（5）不同区域对化肥的需求量。

（三）分区概述

根据化肥区划分区标准和命名，将潞城市化肥区划分为 3 个Ⅰ级区（3 个主区），9 个Ⅱ级区（9 个亚区）。见表 7 - 2。

1. 玉米配方施肥总体方案

（1）东部山区乡（镇）：玉米产量 400 千克/亩以下的坡耕地地块，氮肥（N）用量推荐为 8.5～10 千克/亩，磷肥（P_2O_5）用量为 5～6 千克/亩，亩施农家肥 800 千克以上。玉米产量为 400～500 千克/亩的梯田地块，氮肥（N）用量推荐为 10～12 千克/亩，磷肥（P_2O_5）用量为 6～8 千克/亩，亩施农家肥 1 000 千克以上。玉米产量为 500～600 千克/亩的丘陵沟坝地块，氮肥（N）用量推荐为 14～15 千克/亩，磷肥（P_2O_5）用量为 8～10 千克/亩，土壤速效钾含量小于 160 毫克/千克时，适当补充钾肥（K_2O）为 4～5 千克/亩，亩施农家肥 1 200 千克以上。玉米产量为 600 千克/亩以上的地块，氮肥（N）用量推荐为 15～18 千克/亩，磷肥（P_2O_5）用量为 8～10 千克/亩，土壤速效钾含量小于 160 毫克/千克时，适当补充钾肥（K_2O）为 4～6 千克/亩，亩施农家肥 1 500 千克以上。

表7-2　潞城市测土配方施肥区域配方方案

分区	涉及乡(镇、街道办事处)	地类	10~12年土壤测试区域值								肥料配方					
			全氮(克/千克)		碱解氮(毫克/千克)		有效磷(毫克/千克)		速效钾(毫克/千克)		玉米		小麦		谷子	
			测试范围	平均值	测试范围	平均值	测试范围	平均值	测试范围	平均值	产量指标	配方 $N-P_2O_5-K_2O$	产量指标	配方 $N-P_2O_5-K_2O$	产量指标	配方 $N-P_2O_5-K_2O$
东部山区	黄碾、牛辛庄、安泉、成家川区	沟坝地	1.20~1.80	1.35	100.00~150.00	125.00	10.00~25.00	12.00	150.00~200.00	175.00	>550	15-10-5	—	—	>200	9-4-4
		梯田	0.80~1.50	1.00	80.00~120.00	100.00	5.00~15.00	6.50	100.00~175.00	145.00	400~550	12-8-4	—	—	150~200	7-4-4
		坡耕地	0.30~1.00	0.75	45.00~100.00	75.00	1.00~10.00	4.50	50.00~120.00	100.00	<400	10-6-4	—	—	<150	6-4-4
中部潞华、店上、史迴平川区		沟坝地	1.50~2.00	1.25	120.00~200.00	165.00	10.00~30.00	18.50	150.00~220.00	180.00	>550	14-8-4	—	—	>200	8-4-4
		梯田	1.00~1.80	1.25	80.00~150.00	120.00	8.00~15.00	12.00	100.00~175.00	150.00	400~550	12-6-4	—	—	150~200	7-4-4
		坡耕地	0.50~1.20	0.75	45.00~100.00	85.00	2.00~10.00	7.56	50.00~125.00	110.00	<400	10-5-4	—	—	<150	6-4-3
西部丘陵区		水浇地	1.30~2.00	1.45	120.00~200.00	145.00	15.00~35.00	25.00	150.00~250.00	185.00	>700	20-12-8	>400	15-10-5	—	—
		旱肥地	1.30~2.00	1.45	120.00~200.00	145.00	15.00~35.00	25.00	150.00~250.00	185.00	600~700	18-10-6	300~400	12-8-4	>250	10-5-8
		旱地	1.00~1.50	1.15	100.00~150.00	120.00	10.00~20.00	20.00	100.00~200.00	155.00	500~600	15-8-4			—	—
		平地	0.50~1.20	0.85	35.00~120.00	85.00	3.00~15.00	12.50	50.00~150.00	125.00	<500	12-8-3	<300	10-5-4	200~250	8-4-5

（2）中西部平川乡（镇）：玉米产量为 500 千克/亩以下的旱薄地地块，氮肥（N）用量推荐为 10～12 千克/亩，磷肥（P_2O_5）为 4.5～6 千克/亩，亩施农家肥 1 000 千克以上。玉米产量为 500～600 千克/亩的平川旱地地块，氮肥（N）用量推荐为 13～15 千克/亩，磷肥（P_2O_5）为 6～8 千克/亩，土壤速效钾含量＜160 毫克/千克适当补施钾肥（K_2O）为 2～4 千克/亩。亩施农家肥 1 200 千克以上。玉米产量为 600～700 千克/亩的高肥力旱地地块，氮肥（N）用量推荐为 15.5～18 千克/亩，磷肥（P_2O_5）为 8～10 千克/亩，土壤速效钾含量＜160 毫克/千克，适当补施钾肥（K_2O）为 4～5 千克/亩，亩施农家肥 1200 千克以上。玉米产量为 700 千克/亩以上的高肥力水浇地地块，氮肥（N）用量推荐为 17～19 千克/亩，磷肥（P_2O_5）为 9～10 千克/亩，土壤速效钾含量＜175 毫克/千克，适当补施钾肥（K_2O）为 5～6 千克/亩，亩施农家肥 1500 千克以上。

2. 冬小麦配方施肥总体方案

小麦产量为 300 千克/亩以下的旱薄地地块，氮肥用量推荐为 8～10 千克/亩，磷肥（P_2O_5）为 4.5～5 千克/亩，亩施农家肥 1 000 千克以上。小麦产量为 300～400 千克/亩的高肥旱地地块，氮肥用量推荐为 10～12 千克/亩，磷肥（P_2O_5）为 5～6 千克/亩，土壤速效钾含量＜160 毫克/千克适当补施钾肥（K_2O）为 3～4 千克/亩，亩施农家肥 1 200 千克以上。小麦产量为 400 千克/亩以上的高肥水浇地地块，氮肥用量推荐为 14～15 千克/亩，磷肥（P_2O_5）为 6～8 千克/亩，土壤速效钾含量＜160 毫克/千克适当补施钾肥（K_2O）为 4～5 千克/亩，亩施农家肥 1500 千克以上。

3. 谷子配方施肥总体方案

东南部山区乡（镇）：谷子产量为 150 千克/亩以下的坡耕地地块，氮肥（N）用量推荐为 5～6 千克/亩，磷肥（P_2O_5）用量为 3～4 千克/亩，亩施农家肥 500 千克以上。谷子产量为 150～200 千克/亩以下的梯田地块，氮肥（N）用量推荐为 6～7 千克/亩，磷肥（P_2O_5）用量为 3～4 千克/亩，亩施农家肥 700 千克以上。谷子产量为 200 千克/亩以上的沟坝地地块，氮肥（N）用量推荐为 8～9 千克/亩，磷肥（P_2O_5）用量为 3～4 千克/亩，土壤速效钾含量小于 130 毫克/千克时，适当补充钾肥（K_2O）为 3～4 千克/亩，亩施农家肥 900 千克以上。

作物秸秆还田地块要增加氮肥用量 10％～15％，以协调碳氮比，促进秸秆腐解。要大力推广玉米施锌技术，每千克种子拌硫酸锌 4～6 克或亩底施硫酸锌 1.5～2 千克。作物秸秆还田的地块可适当减少钾肥用量。

（四）提高化肥利用率的途径

1. 统一规划，着眼布局　化肥使用区划意见，对潞城市农业生产及发展起着整体指导和调节作用，使用当中要宏观把握，明确思路。以地貌类型和土壤类型及行政区域划分的 3 个化肥肥效一级区和 9 个化肥合理施肥二级区在肥效与施肥上基本保持一致。具体到各区各地因受不同地形部位和不同土壤亚类的影响，在施肥上不能千篇一律，死搬硬套，以化肥使用区划为标准，结合当地实际情况确定合理科学的施肥量。

2. 因地制宜，节本增效　潞城市地形复杂，土壤肥力差异较大，各区在化肥使用上一定要本着因地制宜，因作物制宜，节本增效的原则，通过合理施肥及相关农业措施，不仅要达到节本增效的目的，而且要达到用养结合、培肥地力的目的，变劣势为优势。对坡降较大的丘陵、沟壑和山前倾斜平原区要注意防治水土流失，施肥上要少量多次，修整梯田，建"三保田"。

3. 秸秆还田、培肥地力　运用合理施肥方法，大力推广秸秆还田，提高土壤肥力，增加土壤团粒结构，提高化肥利用率，同时合理轮作倒茬，用养结合。旱地氮肥"一炮轰"，水地底施1/2，追施1/2。磷肥集中深施，褐土地钾肥分次施，有机无机相结合，氮磷钾微相结合。

总之，要科学合理施用化肥，以提高化肥利用率为目的，以达到增产增收增效。

四、无公害农产品生产与施肥

无公害农产品是指产地环境、生产过程和产品质量均符合国家有关标准规范要求，经认证合格，获得认证证书并允许使用无公害农产品标志的未经加工或初加工的农产品。根据无公害农产品标准要求，针对潞城市耕地质量调查施肥中存在的问题，发展无公害农产品，施肥中应注意以下几点：

（一）选用优质农家肥

农家肥是指含有大量生物物质、动植物残体、排泄物、生物废物等有机物质的肥料。在无公害农产品的生产中，一定要选用足量的经过无害化处理的堆肥、沤肥、厩肥、饼肥等优质农家肥作基肥。确保土壤肥力逐年提高，满足无公害农产品的生产。

（二）选用合格商品肥

商品肥料有精制有机肥料、有机无机复混肥料、无机肥料、腐殖酸类肥料、微生物肥料等。生产无公害农产品时，一定要选用合格的商品肥料。

（三）改进施肥技术

1. 调控化肥用量　这几年，随着农业结构调整，种植业结构发生了很大变化，经济作物面积扩大，因而造成化肥用量持续提高，不同作物之间施肥量差距不断扩大。因此，要调控化肥用量时，避免施肥两极分化，尤其是控制氮肥用量，努力提高化肥利用率，减少化肥损失或造成的农田环境污染。

2. 调整施肥比例　首先，将有机肥和无机肥比例逐步调整到1∶1，充分发挥有机肥料在无公害农产品生产中的作用。其次，实施补钾工程，根据不同作物、不同土壤合理施用钾肥，合理调整N、P、K比例，发挥钾肥在无公害农产品生产中的作用。

3. 改进施肥方法　施肥方法不当，易造成肥料损失浪费、土壤及环境污染，影响作物生长。所以，施肥方法一定要科学，氮肥要深施，减少地面熏伤，忌氯作物不施或少施含氯肥料。因地、因作物、因肥料确定施肥方法，生产优质、高产无公害农产品。

五、不同作物的科学施肥标准

针对潞城市农业生产基本条件，种植作物种类、产量、土壤肥力及养分含量状况，无公害农产品生产施肥总的思路是：以节本增效为目标，立足抗旱栽培，着眼于优质、高产、高效、安全农业生产，着力于提高肥料利用率，采取控氮稳磷补钾配微的原则，在增施有机肥和保持化肥施用总量基本平衡的基础上，合理调整养分比例，普及科学施肥方法，积极试验和示范微生物肥料。

第五节 耕地质量管理对策

耕地地力调查与质量评价成果为潞城市耕地质量管理提供了依据，耕地质量管理决策的制定，成为潞城市农业可持续发展的核心内容。

一、建立依法管理体制

（一）工作思路

以发展优质高效、生态、安全农业为目标，以耕地质量动态监测管理为核心，以土壤地力改良利用为重点，通过农业种植业结构调查，合理配置现有农业用地，逐步提高耕地地力水平，满足人民日益增长的农产品需求。

（二）建立完善行政管理机制

1. 制订总体规划 坚持"因地制宜、统筹兼顾，局部调整、挖掘潜力"的原则，制订潞城市耕地地力建设与土壤改良利用总体规划，实行耕地用养结合，划定中低产田改良利用范围和重点，分区制定改良措施，严格统一组织实施。

2. 建立依法保障体系 制定并颁布《潞城市耕地质量管理办法》，设立专门监测管理机构，市、乡、村三级设定专人监督指导，分区布点，建立监控档案，依法检查污染区域项目治理工作，确保工作高效到位。

3. 加大资金投入 潞城市政府要加大资金支持，市财政每年从农发资金中列支专项资金，用于潞城市中低产田改造和耕地污染区域综合治理，建立财政支持下的耕地质量信息网络，推进工作有效开展。

（三）强化耕地质量技术实施

1. 提高土壤肥力 组织市、乡农业技术人员实地指导，组织农户合理轮作，平衡施肥，安全施药、施肥，推广秸秆还田、种植绿肥、施用生物菌肥，多种途径提高土壤肥力，降低土壤污染，提高土壤质量。

2. 改良中低产田 实行分区改良，重点突破。灌溉改良区重点抓好灌溉配套设施的改造、节水浇灌、挖潜增灌、扩大浇水面积；丘陵、山区中低产区要广辟肥源，深耕保墒，轮作倒茬，粮草间作，扩大植被覆盖率，修整梯田，达到增产增效目标。

二、建立和完善耕地质量监测网络

随着潞城市工业化进程的不断加快，工业污染日益严重，在重点工业生产区域建立耕地质量监测网络已迫在眉睫。

1. 设立组织机构 耕地质量监测网络建设，涉及环保、土地、水利、经信、农业等多个部门，需要市政府协调支持，成立依法行政管理机构。

2. 配置监测机构 由市政府牵头，各职能部门参与，组建潞城市耕地质量监测领导小组，在市环保局下设办公室，设定专职领导与工作人员，建立企业治污工程体系，制定工作细则和工作制度，强化监测手段，提高行政监督效能。

3. 加大宣传力度 采取多种途径和手段，加大《环保法》宣传力度，在重点污排企业及周围区域印刷宣传广告，大力宣传环境保护政策及科普知识。

4. 监测网络建立 在潞城市依据这次耕地质量调查评价结果，划定安全、非污染、轻污染、中度污染、重污染五大区域，每个区域确定10～20个点，定人、定时、定点取样监测检验，填写污染情况登记表，建立耕地质量监测档案。对污染区域的污染源，要查清原因，由市耕地质量监测机构依据检测结果，强制企业污染限期限时达标治理。对未能限期达标企业，一律实行关停整改，达标后方可生产。

5. 加强农业执法管理 由市农业、环保、质检行政部门组成联合执法队伍，宣传农业法律知识，对市场化肥、农药实行市场统一监控、统一发布，将假冒农用物资一律依法查封销毁。

6. 改进治污技术 对不同污染企业采取烟尘、污水、污渣分类科学处理转化。对工业污染河道及周围农田，采取有效物理、化学降解技术，降解铅、镉及其他重金属污染物，并在河道两岸50米栽植花草、林木、净化河水、美化环境；对化肥、农药污染农田，要划区治理，积极利用农业科研成果，组成科技攻关组，引试降解剂，逐步消解污染物。

7. 推广农业综合防治技术 在增施有机肥降解大田农药、化肥及垃圾废弃物污染的同时，积极宣传推广微生物菌肥，以改善土壤的理化性状，改变土壤溶液酸碱度，改善土壤团粒结构，减轻土壤板结，提高土壤保水、保肥性能。

三、农业政策与耕地质量管理

农业政策的出台必将极大调整农民粮食生产积极性，成为耕地质量恢复与提高的内在动力，对潞城市耕地质量的提高具有以下几个作用：

1. 加大耕地投入，提高土壤肥力 目前，潞城市丘陵面积大，中低产田分布区域广，粮食生产能力较低。农业政策的落实有利于提高单位面积耕地养分投入水平，逐步改善土壤养分含量，改善土壤理化性状，提高土壤肥力，保障粮食产量恢复性增长。

2. 改进农业耕作技术，提高土壤生产性能 农民积极性的调动，成为耕地质量提高的内在动力，将促进农民平田整地，耙糖保墒，加强耕地机械化管理，缩减中低产田面积，提高耕地地力等级水平。

3. 采用先进农业技术，增加农业比较效益 采取有机旱作农业技术，合理优化适栽技术，加强田间管理，节本增效，提高农业比较效益。

农民以田为本，以田谋生，农业政策出台以后，土地属性发生变化，农民由有偿支配变为无偿使用，成为农民家庭财富的一部分，对农民增收和国家经济发展将起到积极的推动作用。

四、扩大无公害农产品生产规模

在国际农产品质量标准市场一体化的形势下，扩大潞城市无公害农产品生产成为满足社会消费需求和农民增收的关键。

（一）理论依据

综合评价结果，耕地无污染的占 95％，适合生产无公害农产品，适宜发展绿色农业生产。

（二）扩大生产规模

在潞城市发展绿色、无公害农产品，扩大生产规模，要以耕地地力调查与质量评价结果为依据，充分发挥区域比较优势，合理布局，规模调整。具体措施如下：一是粮食生产上，在潞城市发展 2 万亩无公害优质小麦，25 万亩无公害优质玉米；二是在蔬菜生产上，发展无公害蔬菜 3 万亩；三是在水果生产上，发展无公害水果 2 万亩。

（三）配套管理措施

1. 建立组织保障体系　设立潞城市无公害农产品生产领导小组，下设办公室，地点在市农业委员会。组织实施项目列入市政府工作计划，单列工作经费，由市财政负责执行。

2. 加强质量检测体系建设　成立市级无公害农产品质量检验技术领导小组，市、乡下设两级监测检验的网点，配备设备及人员，制定工作流程，强化监测检验手段，提高检测检验质量，及时指导生产基地技术推广工作。

3. 制定技术规程　组织技术人员建立潞城市无公害农产品生产技术操作规程，重点抓好平衡施肥，合理施用农药，细化技术环节，实现标准化生产。

4. 打造绿色品牌　重点实施好无公害蔬菜、玉米、谷子、水果等生产。

五、加强农业综合技术培训

自 20 世纪 80 年代起，潞城市就建立起市、乡、村三级农业技术推广网络。市农业技术推广中心牵头，搞好技术项目的组织与实施，负责划区技术指导，在潞城市设立农业科技示范户。先后开展了玉米、小麦、水果等优质高产高效生产技术培训，推广了旱作农业、秸秆覆盖、小麦地膜覆盖、双千创优工程及设施蔬菜"四位一体"综合配套技术。

现阶段，潞城市农业综合技术培训工作一直保持领先，有机旱作、测土配方施肥、生态沼气、无公害蔬菜生产技术推广已取得明显成效。充分利用这次耕地地力调查与质量评价，主抓以下几方面技术培训：①宣传加强农业结构调整与耕地资源有效利用的目的及意义；②潞城市中低产田改造和土壤改良相关技术推广；③耕地地力环境质量建设与配套技术推广；④绿色、无公害农产品生产技术操作规程；⑤农药、化肥安全施用技术培训；⑥农业法律、法规、环境保护相关法律的宣传培训。

通过技术培训，使潞城市农民掌握必要的知识与生产实用技术，推动耕地地力建设，提高农业生态环境、耕地质量环境的保护意识，发挥主观能动性，不断提高潞城市耕地地力水平，以满足日益增长的人口和物资生活需求，为全面建设小康社会打好农业发展基础平台。

第六节　耕地资源管理信息系统的应用

耕地资源信息系统以一个市行政区域内耕地资源为管理对象，应用 GIS 技术，对辖区内的地形、地貌、土壤、土地利用、农田水利、土壤污染、农业生产基本情况、基本农田保护区等资料进行统一管理，构建耕地资源基础信息系统；并将其数据平台与各类管理模型结合，对辖区内的耕地资源进行系统的动态管理，为农业决策、农民和农业技术人员提供耕地质量动态变化规律、土壤适宜性、施肥咨询、作物营养诊断等多方位的信息服务。

本系统行政单元为，农业单元为基本农田保护块，土壤单元为土种，系统基本管理单元为土壤、基本农田保护块、土地利用现状叠加所形成的评价单元。

一、领导决策依据

这次耕地地力调查与质量评价直接涉及耕地自然要素、环境要素、社会要素及经济要素 4 个方面，为耕地资源信息系统的建立与应用提供了依据。通过潞城市生产潜力评价、适宜性评价、土壤养分评价、科学施肥、经济性评价、地力评价及产量预测，及时指导农业生产的发展，为农业技术推广应用作好信息发布，为用户需求分析及信息反馈打好基础。主要依据：一是潞城市耕地地力水平和生产潜力评估为农业远期规划和全面建设小康社会提供了保障；二是耕地质量综合评价，为领导提供了耕地保护和污染修复的基本思路，为建立和完善耕地质量检测网络提供了方向；三是耕地土壤适宜性及主要限制因素分析为潞城市农业调整提供了依据。

二、动态资料更新

这次潞城市耕地地力调查与质量评价中，耕地土壤生产性能主要包括地形部位、土体构型、较稳定的物理性状、易变化的化学性状、农田基础建设五个方面。耕地地力评价标准体系与 1984 年土壤普查技术标准出现部分变化，耕地要素中基础数据有大量变化，为动态资料更新提供了新要求。

（一）耕地地力动态资源内容更新

1. 评价技术体系有较大变化　这次调查与评价主要运用了"3S"评价技术。在技术方法上，采用文字评述法、专家经验法、模糊综合评价法、层次分析法、指数和法；在技术流程上，应用了叠置法确定评价单元，空间数据与属性数据相连接，采用特尔菲法和模糊综合评价法，确定评价指标，应用层次分析法确定各评价因子的组合权重，用数据标准化计算各评价因子的隶属函数并将数值进行标准化，应用了累加法计算每个评价单元的耕地力综合评价指数，分析综合地力指数，分布划分地力等级，将评价的地方等级归入农业部地力等级体系，采取 GIS、GPS 系统编绘各种养分图和地力等级图等图件。

2. 评价内容有较大变化　除原有地形部位、土体构型等基础耕地地力要素相对稳定以外，土壤物理性状、易变化的化学性状、农田基础建设等要素变化较大，尤其是土壤容重、有机质、pH、有效磷、速效钾指数变化明显。

3. 增加了耕地质量综合评价体系　土样、水样化验检测结果为潞城市绿色、无公害农产品基地建立和发展提供了理论依据。图件资料的更新变化，为今后潞城市农业宏观调控提供了技术准备，空间数据库的建立为潞城市农业综合发展提供了数据支持，加速了潞城市农业信息化快速发展。

(二) 动态资料更新措施

结合这次耕地地力调查与质量评价，潞城市及时成立技术指导组，确定专门技术人员，从土样采集、化验分析、数据资料整理编辑，电脑网络连接畅通，保证了动态资料更新及时、准确，提高了工作效率和质量。

三、耕地资源合理配置

(一) 目的意义

多年来，潞城市耕地资源盲目利用，低效开发，重复建设情况十分严重，随着农业经济发展方向的不断延伸，农业结构调整缺乏借鉴技术和理论依据。这次耕地地力调查与质量评价成果对指导潞城市耕地资源合理配置，逐步优化耕地利用质量水平，对提高土地生产性能和产量水平具有现实意义。

潞城市耕地资源合理配置思路是：以确保粮食安全为前提，以耕地地力质量评价成果为依据，以统筹协调发展为目标，用养结合，因地制宜，内部挖潜，发挥耕地最大生产效益。

(二) 主要措施

1. 加强组织管理，建立健全工作机制　市里要组建耕地资源合理配置协调管理工作体系，由农业、土地、环保、水利、林业等职能部门分工负责，密切配合，协同作战。技术部门要抓好技术方案制定和技术宣传培训工作。

2. 加强农田环境质量检测，抓好布局规划　将企业列入耕地质量检测范围。企业要加大资金投入和技术改造，降低"三废"对周围耕地污染，因地制宜大力发展绿色无公害农产品优势生产基地。

3. 加强耕地保养利用，提高耕地地力　依照耕地地力等级划分标准，划定潞城市耕地地力分布界限，推广平衡施肥技术，加强农田水利基础设施建设，平田整地，淤地打坝，中低产田改良，植树造林，扩大植被覆盖面，防止水土流失，提高梯（园）田化水平。采用机械耕作，加深耕层，熟化土壤，改善土壤理化性状，提高土壤保水保肥能力。划区制定技术改良方案，将潞城市耕地地力水平分级划分到村、到户，建立耕地改良档案，定期定人检查验收。

4. 重视粮食生产安全，加强耕地利用和保护管理　根据潞城市农业发展远景规划目标，要十分重视耕地利用保护与粮食生产之间的关系。人口不断增长，耕地逐年减少，要解决好建设与吃饭的关系，合理利用耕地资源，实现耕地总面积动态平衡，解决人口增长与耕地矛盾，实现农业经济和社会可持续发展。

总之，耕地资源配置，主要是各种土地利用类型在空间上的整体布局；另一层含义是指同一土地利用类型在某一地域中是分散配置还是集中配置。耕地资源空间分布结构折射出其地域特征，而合理的空间分布结构可在一定程度上反映自然生态和社会经济系统间的协调程度。耕地的配置方式，对耕地产出效益的影响截然不同，经过合理配置，农耕地相对规模集中，既利于农业管理，又利于减少投工投资，耕地的利用率将有较大提高。

一是严格执行《基本农田保护条例》，增加土地投入，大力改造中低产田，使农田数量与质量稳步提高；二是园地面积要适当调整，淘汰劣质果园，发展优质果品生产基地；三是林草地面积适量增长，加大四荒拍卖开发力度，种草植树，力争森林覆盖率达到30%，牧草面积占到耕地面积的2%以上。搞好河道、滩涂地有效开发，增加可利用耕地面积。加大小流域综合治理，在搞好耕地整治规划的同时，治山治坡、改土造田、基本农田建设与农业综合开发结合进行；要采取措施，严控企业占地，严控农宅基地占用一级、二级耕地，加大废旧砖窑和农村废弃宅基地的返田改造，盘活耕地存量调整，"开源"与"节流"并举，加快耕地使用制度改革。实行耕地使用证发放制度，促进耕地资源的有效利用。

四、土、肥、水、热资源管理

（一）基本状况

潞城市耕地自然资源包括土、肥、水、热资源。它是在一定的自然和农业经济条件下逐渐形成的，其利用及变化均受到自然、社会、经济、技术条件的影响和制约。自然条件是耕地利用的基本要素。热量与降水是气候条件最活跃的因素，对耕地资源影响较为深刻，不仅影响耕地资源类型形成，更重要的是直接影响耕地的开发程度、利用方式、作物种植、耕作制度等方面。土壤肥力则是耕地地力与质量水平基础的反映。

1. 光热资源 潞城市属温带半湿润大陆性季风气候，四季分明，冬季寒冷干燥，夏季炎热多雨。年均气温为 9.7℃，7 月最热，平均气温达 22.4℃，极端最高气温达 38.1℃。1 月最冷，平均气温－4.7℃，最低气温－22.4℃。市域热量资源丰富，稳定为 10℃以上的积温 3 386℃。历年平均日照时数为 2 460.8 小时，无霜期 178 天。

2. 降雨与水文资源 潞城市全年降水量为 550 毫米，不同地形间雨量分布规律：东部和南部山区降水较多，降水量 570 毫米以上，平川地区较少，年降水量在 540 毫米以下，年度间潞城市降水量差异较大，降水量季节性分布明显，主要集中在 6 月、7 月、8 月的 3 个月，占年总降水量 50%以上。

潞城市位于上党盆地东南，属干旱缺水县市之一。水利资源总量为 7 450 万立方米，其中河水为 1 600 万立方米，地下水为 5 950 万立方米。

3. 土壤肥力水平 潞城市耕地地力平均水平较低，依据《山西省中低产田类型划分与改良技术规程》，分析评价单元耕地土壤主要障碍因素，将潞城市耕地地力等级的 4～7 级归并为 4 个中低产田类型，占总耕地面积的 64%，主要分布于中东部和北部乡（镇）。

潞城市耕地土壤类型为：褐土、潮土、粗骨土三大类，其中褐土分布面积较广，约占91％，潮土约占4％；潞城市土壤质地较好，主要分为沙质土、壤质土、黏质土3种类型，其中壤质土约占80％；土壤 pH 为 6.1～8.2，平均值为 7.7；耕地土壤容重范围为1.33～1.41 克/立方厘米，平均值为 1.34 克/立方厘米。

（二）管理措施

在潞城市建立土壤、肥力、水、热资源数据库，依照不同区域土、肥、水热状况，分类分区划定区域，设立监控点位、定人、定期填写检测结果，编制档案资料，形成有连续性的综合数据资料，有利于指导潞城市耕地地力恢复性建设。

五、科学施肥体系与灌溉制度的建立

（一）科学施肥体系建立

潞城市平衡施肥工作起步较早，最早始于 20 世纪 70 年代末定性的氮磷配合施肥；80年代初为半定量的初级配方施肥；90 年代以来，有步骤定期开展土壤肥力测定，逐步建立了适合潞城市不同作物、不同土壤类型的施肥模式。在施肥技术上，提倡"增施有机肥，稳施氮肥，增施磷，补施钾肥，配施微肥和生物菌肥"。

1. 调整施肥思路 以节本增效为目标，立足抗旱栽培，着力提高肥料利用率，采取"稳氮、增磷、补钾、配微"原则，坚持有机肥与无机肥相结合，合理调整养分比例，按耕地地力与作物类型分期供肥，科学施用。

2. 施肥方法 ①因土施肥。不同土壤类型保肥、供肥性能不同。对潞城市丘陵区旱地，土壤的土体构型为通体壤或"蒙金型"，一般将肥料作基肥一次施用效果最好；对沙土、夹沙土等构型土壤，肥料特别是钾肥应少量多次施用；②因品种施肥。肥料品种不同，施肥方法也不同。对碳酸氢铵等易挥发性化肥，必须集中深施覆盖土，一般为 10～20 厘米，硝态氮肥易流失，宜作追肥，不宜大水漫灌；尿素为高浓度中性肥料，作底肥和叶面喷肥效果最好，在旱地做基肥集中条施。磷肥易被土壤固定，常作基肥和种肥，要集中沟施，且忌撒施土壤表面；③因苗施肥。对基肥充足，生长旺盛的田块，要少量控制氮肥，少追或推迟追肥时期；对基肥不足，生长缓慢田块，要施足基肥，多追或早追氮肥；对后期生长旺盛的田块，要控氮补磷施钾。

3. 选定施用时期 因作物选定施肥时期。小麦追肥宜选在拔节期追肥，叶面喷肥选在孕穗期和扬花期；玉米追肥宜选在拔节期和大喇叭口期施肥，同时可采用叶面喷施锌肥；棉花追肥选在蕾期和花铃期。

在作物喷肥时间上，要看天气施用，要选无风、晴朗天气，早上 8～9 点以前或下午4 点以后喷施。

4. 选择适宜的肥料品种和合理的施用量施肥 在品种选择上，增施有机肥、高温堆沤积肥、生物菌肥；严格控制硝态氮肥施用，忌在忌氯作物上施用氯化钾，提倡施用硫酸钾肥，补施铁肥、锌肥、硼肥等微量元素化肥。在化肥用量上，要坚持无害化施用原则，一般菜田，亩施腐熟农家肥 2 000～3 000 千克、尿素 25～30 千克、磷肥 40 千克、钾肥 10～15千克。日光温室以番茄为例，一般亩产 4 680 千克，亩施有机肥 3 000 千克、氮肥（N）为

25 千克、磷（P_2O_5）为 23 千克，（K_2O）为 16 千克，配施适量硼、锌等微量元素。

（二）灌溉制度的建立

潞城市为贫水区之一，主要采取抗旱节水灌溉为主。

1. 旱地集雨灌溉模式 主要采用有机旱作技术模式，深翻耕作，加深耕层，平田整地，提高园（梯）田化水平，地膜覆盖，秸秆覆盖蓄水保墒，高灌引水，节水管灌等配套技术措施，提高旱地农田水分利用率。

2. 扩大井水灌溉面积 水源条件较好的旱地，打井造渠，利用分畦浇灌或管道渗灌、喷灌，节约用水，保障作物生育期一次透水。平川井灌区要修整管道，按作物需水高峰期浇灌，全生育期保证 2～3 透水，满足作物生长需求。切忌大水漫灌。

（三）体制建设

在潞城市建立科学施肥与灌溉制度，农业、技术部门要严格细化相关施肥技术方案，积极宣传和指导；水利部门要抓好淤地打坝、井灌配套等基本农田水利设施建设，提高灌溉能力；林业部门要加大荒坡、荒山植树植被、绿色环境，改善气候条件，提高年际降水量；农业和环保部门要加强基本农田及水污染的综合治理，改善耕地环境质量和灌溉水质量。

六、信息发布与咨询

耕地地力与质量信息发布与咨询，直接关系到耕地地力水平的提高，关系到农业结构调整与农民增收目标的实现。

（一）体系建立

以市农业技术部门为依托，在省、市农业技术部门的支持下，建立耕地地力与质量信息发布咨询服务体系，建立相关数据资料展览室；将潞城市土壤、土地利用、农田水利、土壤污染、基本农田保护区等相关信息融入电脑网络之中；充分利用市、乡两级农业信息服务网络，对辖区内的耕地资源进行系统的动态管理，为农业生产和结构调整做好耕地质量动态变化、土壤适宜性、施肥咨询、作物营养诊断等多方位的信息服务。在乡（镇）建立专门试验示范生产区，专业技术人员要做好协助指导管理，为农户提供技术、市场、物资供求信息，定期记录监测数据，实现规范化管理。

（二）信息发布与咨询服务

1. 农业信息发布与咨询 重点抓好玉米、小麦、蔬菜、水果、中药等适栽品种供求动态、适栽管理技术、无公害农产品化肥和农药科学施用技术、农田环境质量技术标准的入户宣传、编制通俗易懂的文字、图片发放到每家每户。

2. 开辟空中课堂抓宣传 充分利用覆盖潞城市的电视传媒信号，定期做好专题资料宣传，并设立信息咨询服务电话热线，及时解答和解决农民提出的各种疑难问题。

3. 组建农业耕地环境质量服务组织 在潞城市乡（镇）村选拔科技骨干，统一组织耕地地力与质量建设技术培训，组成农业耕地地力与质量管理服务队，建立奖罚机制，鼓励他们谏言献策，提供耕地地力与质量方面信息和技术思路，服务于潞城市农业发展。

4. 建立完善执法管理机构　成立由市国土、环保、农业等行政部门组成的综合行政执法决策机构，加强对潞城市农业环境的执法保护。开展农资市场打假，依法保护利用土地，监控企业污染，净化农业发展环境。同时配合宣传相关法律、法规，让群众家喻户晓，自觉接受社会监督。

图书在版编目（CIP）数据

潞城市耕地地力评价与利用/苗跃刚主编 . —北京：
中国农业出版社，2015.12
ISBN 978-7-109-21195-7

Ⅰ.①潞…　Ⅱ.①苗…　Ⅲ.①耕作土壤－土壤肥力－
土壤调查－潞城市②耕作土壤－土壤评价－潞城市　Ⅳ.
①S159.225.4②S158

中国版本图书馆 CIP 数据核字（2015）第 285925 号

中国农业出版社出版
（北京市朝阳区麦子店街 18 号楼）
（邮政编码 100125）
责任编辑　杨桂华

中国农业出版社印刷厂印刷　新华书店北京发行所发行
2016 年 3 月第 1 版　2016 年 3 月北京第 1 次印刷

开本：787mm×1092mm 1/16　印张：7.25　插页：1
字数：180 千字
定价：80.00 元
（凡本版图书出现印刷、装订错误，请向出版社发行部调换）